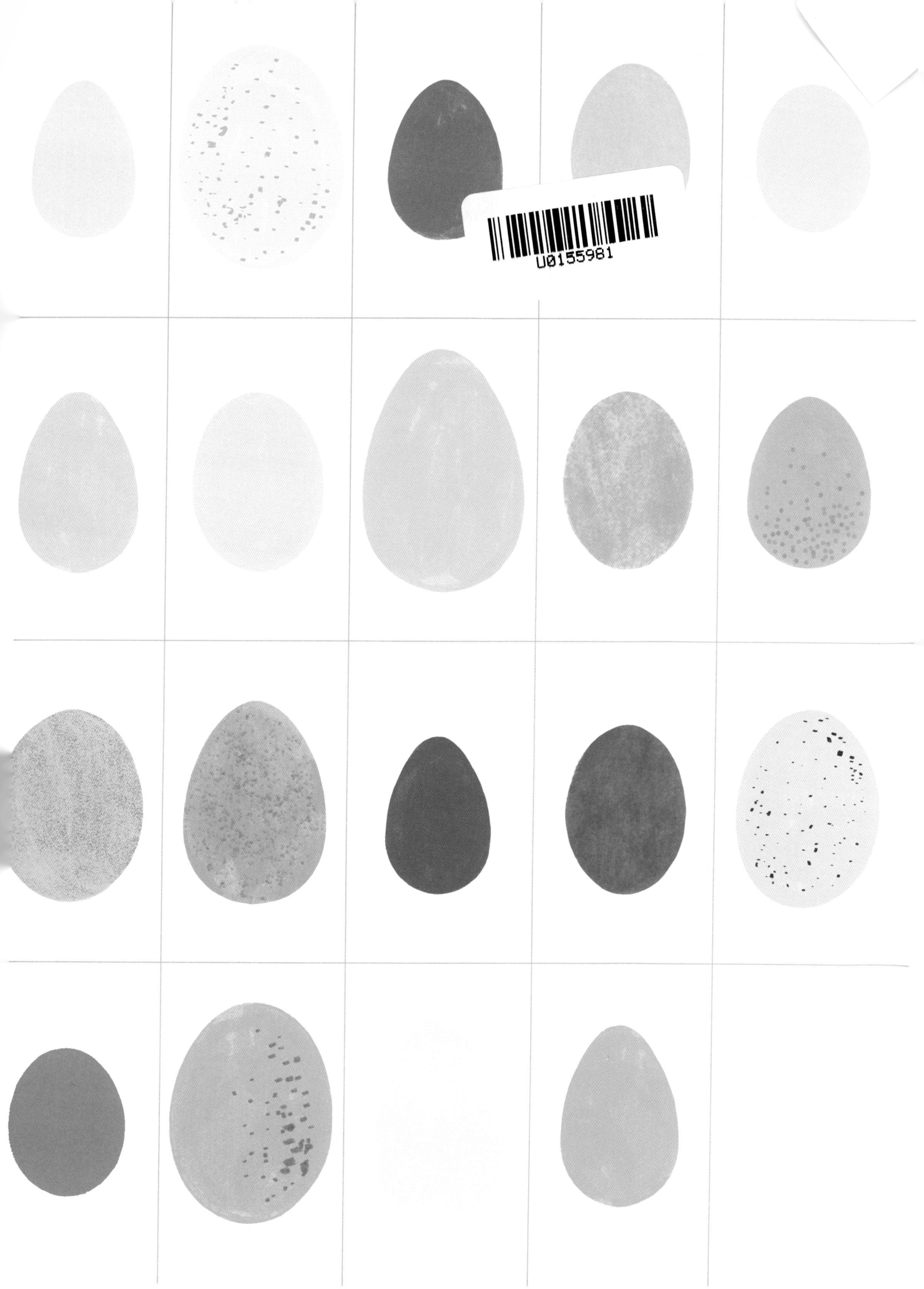

图书在版编目（C I P）数据

鸡的学问 / （意）芭芭拉・山德里
(Barbara Sandri)，（意）弗朗西斯科・朱比利尼
(Francesco Giubbilini) 著；（意）卡米拉・平托纳托
(Camilla Pintonato) 绘；王雪纯译. -- 杭州：浙江
教育出版社，2024.2（2025.1 重印）
ISBN 978-7-5722-7061-1

Ⅰ. ①鸡… Ⅱ. ①芭… ②弗… ③卡… ④王… Ⅲ.
①鸡一少儿读物 Ⅳ. ①Q959.7-49

中国国家版本馆CIP数据核字(2024)第004106号

鸡的学问

JI DE XUEWEN

［意］芭芭拉・山德里　［意］弗朗西斯科・朱比利尼 著　［意］卡米拉・平托纳托 绘
王雪纯 译

选题策划：北京浪花朵朵文化传播有限公司
出版统筹：吴兴元
责任编辑：姚　璐　苏心怡
特约编辑：胡晟男
美术编辑：韩　波
责任校对：王晨儿
责任印务：陈　沁
封面设计：墨白空间・闫献龙
营销推广：ONEBOOK
出版发行：浙江教育出版社（杭州市环城北路 177 号　电话：0571-88909724）
印刷装订：北京盛通印刷股份有限公司
开本：889mm × 1194mm 1/16　印张：5　字数：100 000
版次：2024 年 2 月第 1 版　印次：2025 年 1 月第 2 次印刷
标准书号：ISBN 978-7-5722-7061-1
定价：78.00 元

官方微博：@ 浪花朵朵童书
读者服务：reader@hinabook.com 188-1142-1266
投稿服务：onebook@hinabook.com 133-6631-2326
直销服务：buy@hinabook.com 133-6657-3072

浪花朵朵

[意]芭芭拉·山德里　[意]弗朗西斯科·朱比利尼 著
[意]卡米拉·平托纳托 绘　王雪纯 译

CHICKENOLOGY

鸡的学问

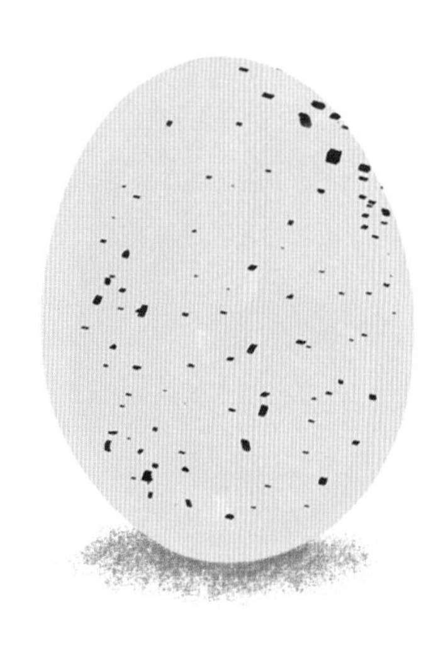

浙江教育出版社·杭州

目录

CONTENTS

探索鸡的世界

鸡的世界

人们总说，千姿百态的生活才更有滋有味。对鸡来说也是如此。鸡有很多品种，不同的品种之间，不仅羽毛和个头儿千差万别，蛋的颜色也各有不同。和人一样，每只鸡都有自己独特的个性和气质。

科钦球鸡
有的鸡羽毛圆润、蓬松，
身体像枕头一样柔软。
有的鸡羽毛柔软又丝滑，
看起来像猫毛一样，
让人忍不住想摸一摸！
塞马尼鸡
丝毛鸡
有的鸡从头到脚都是黑的，
连喙和鸡冠也是黑的。
还有的鸡尾巴长得超乎想象！
比如长尾鸡。

如何分辨公鸡和母鸡？

家鸡（*Gallus gallus domesticus*）中的成年雄性和雌性通常表现出不同的性状，可以区分为公鸡和母鸡。你能明显看出它们的差别，比如说，雄性的外表总是比雌性的更漂亮一些，这是自然界中常见的现象。

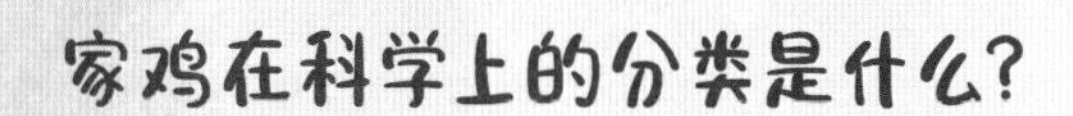

家鸡在科学上的分类是什么？

界：动物界
门：脊索动物门
纲：鸟纲
目：鸡形目
科：雉科
属：原鸡属
种：原鸡

鸡的诞生和成长

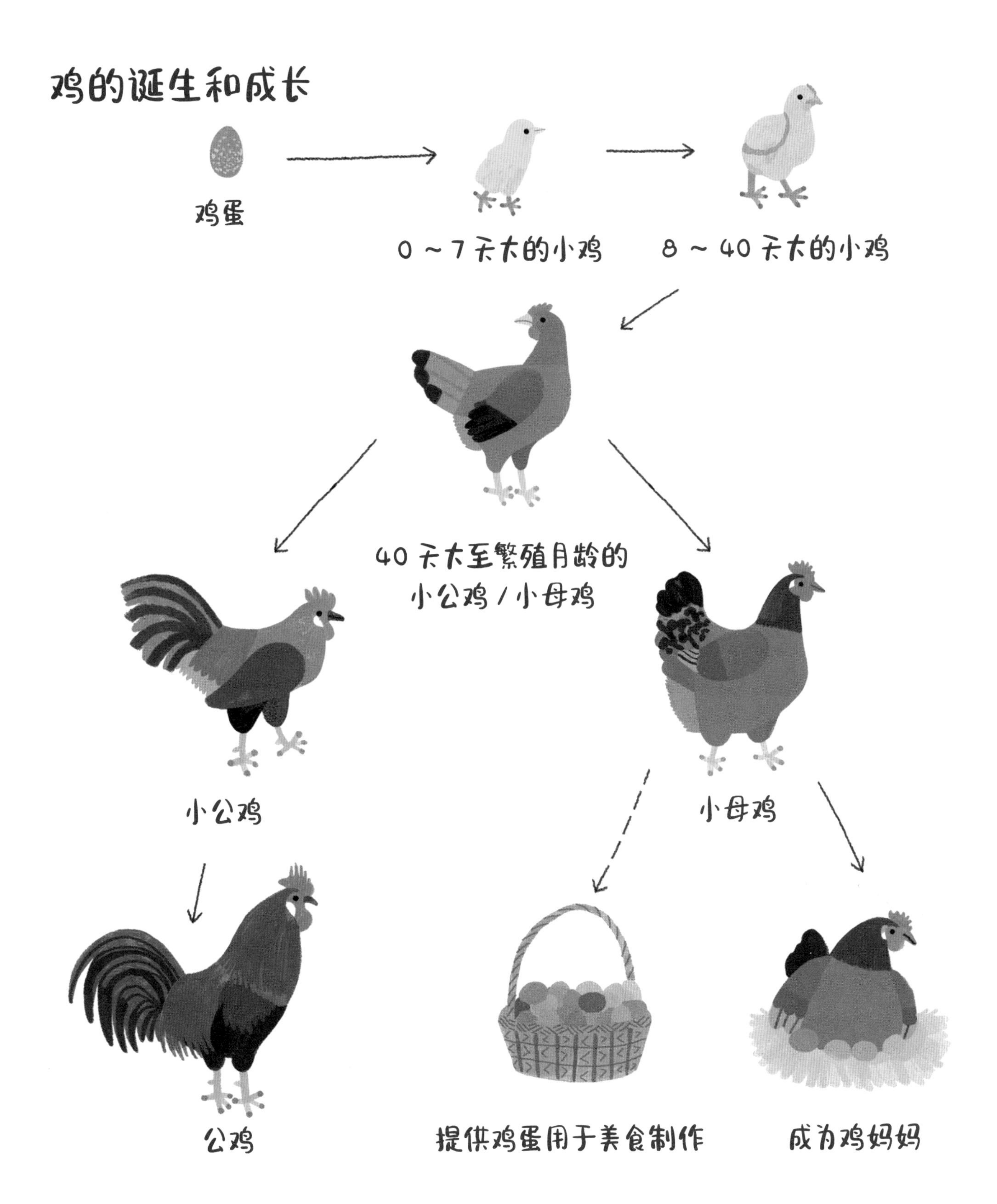

鸡蛋孵化后，小鸡就诞生了！最初，我们很难分得清小鸡究竟是公的还是母的。随着小鸡月龄的增长，这一点就会越来越清楚了。大概过 6 ～ 8 个月，它们就成年了。这个时候，母鸡会开始下蛋，公鸡则开始打鸣和求偶。如果求偶后成功交配，卵子就有可能受精。只有受精的蛋才能孵化出小鸡。不过前提是，在自然条件下，有鸡妈妈坐在蛋上面帮助孵化！

求偶

在爱情中，外貌不能决定一切。一只公鸡要想赢得一只母鸡的心，仅仅靠长相英俊可不够，它还得知道如何跳舞。实际上，公鸡是通过跳一种特殊的求偶舞向母鸡求爱的。这是一种仪式性的舞蹈，跳舞的时候，公鸡会啄起一小口美味的食物反复抛掷，让食物掉在地上，一边保持着这样的节奏，一边发出低沉而有规律的鸣叫，堪称“鸡版小夜曲”！

接下来会发生什么呢？

在自然条件下，在公鸡求偶成功并交配之后，母鸡必须在受精的蛋上坐上 21 天，才能孵化出小鸡。这个过程被称为“抱窝”。在此期间，母鸡除了喝水和觅食，不会把蛋单独留在窝里。一只母鸡可以同时孵大约 15 枚蛋。

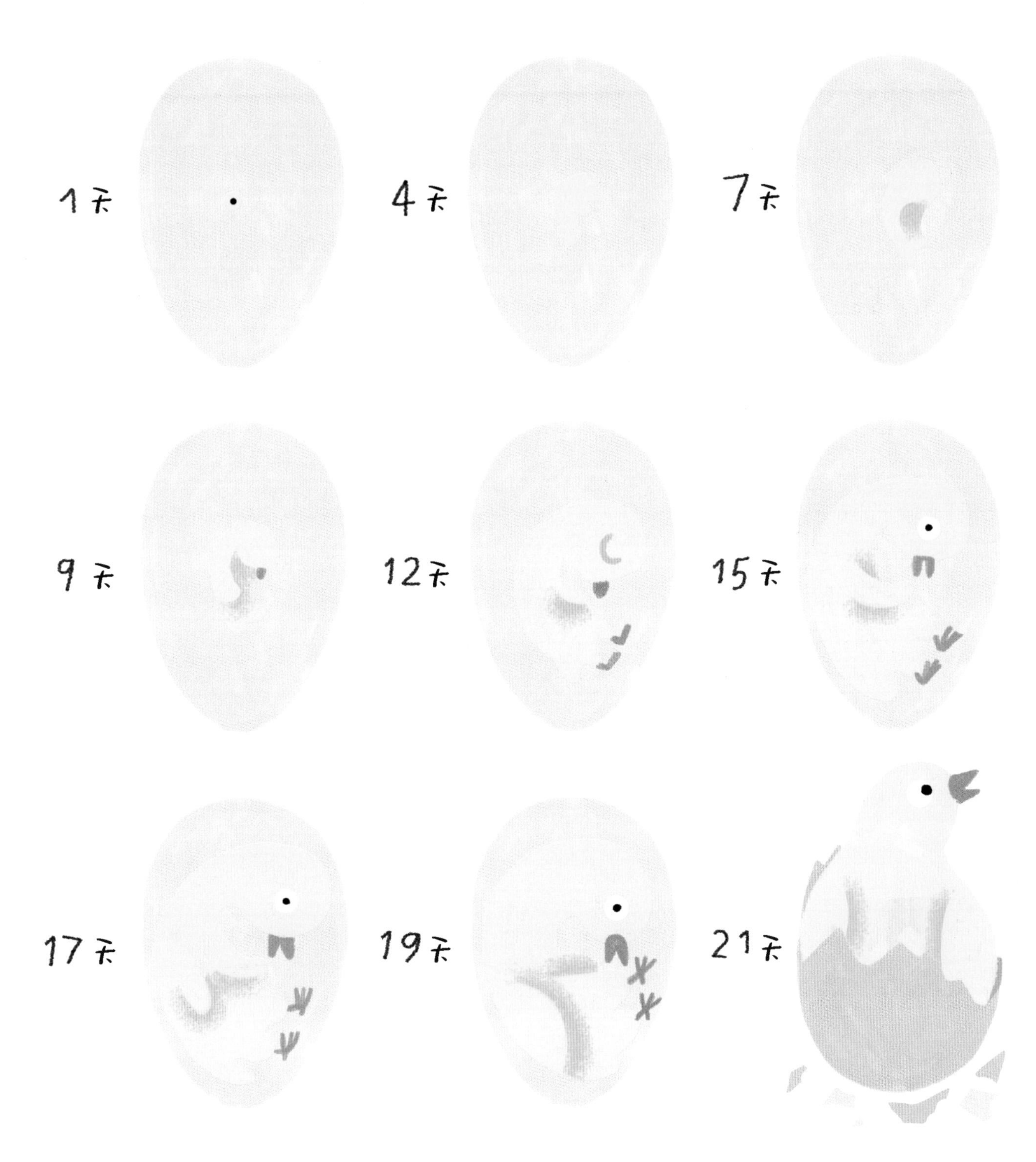

一只鸡有多大？有多重？

即便是鸡也有重量级和……“羽”量级！不同品种的鸡体形和重量差异很大。有的鸡很小，可以待在人的手掌上（袖珍品种），而有的鸡只比 3 岁男孩矮一些（巨型品种）。有些成年小型鸡只有 220 多克重，和一个大橙子的重量差不多；而有些成年大型鸡大约有 5 千克重！

90～100厘米

80～90厘米

马来鸡

泽西巨人鸡

3岁男孩

看看是谁在说话！

鸡舍从来不是一个祥和、安静的地方。母鸡、公鸡和小鸡会发出各种各样的声音，这取决于它们的性别、月龄、处境以及它们想要交流的内容。

你知道吗？鸡在放松的时候，喜欢咕咕叫。这种柔和、平静的声音很像猫咪发出的“咕噜”声。

鸡在觅食时，会发出低沉的“咕咕”声；发现特别好吃的东西时，声音就会变得高亢，音调更加喜悦！

鸡舍里还能听到小鸡的声音！它们通常发出一阵阵甜美、娇弱的“叽叽”声，而母鸡则会“咯嗒”“咯嗒”叫个不停。

公鸡不是只在黎明时分打鸣，而是一整天都会打鸣。有的公鸡甚至可以发出长达20秒、非常有力的“喔喔喔喔”声。

红色警报！如果鸡拼命地叫着“咯咯咯咯嗒—— 咯嗒咯嗒—— 咯嗒咯嗒——”且声音比平时长，这是遇到危险的征兆。每只鸡都会为自己的安危而鸣叫！

咯咯咯咯嗒——
咯嗒咯嗒——
咯嗒咯嗒——

咯嗒咯嗒，咯嗒
咯嗒，咯咯咯咯嗒

当母鸡发出短促的“咯嗒咯嗒，咯嗒咯嗒，咯咯咯咯嗒”的叫声，说明它刚下了一枚蛋。有一种猜想是，母鸡这样做是为了邀请其他鸡也下蛋。因为鸡窝中的蛋越多，自己下的蛋的存活概率就会越大。

近距离观察羽毛

如果你一根一根地数鸡的羽毛，你会发现可能多达 6000 根！鸡的羽毛和我们的头发一样，是由角蛋白组成的。鸡的羽毛主要有两类：外层是正羽，里层是绒羽。

各种各样的羽毛

正羽和绒羽有很大的区别，虽然构造相似，都有羽轴、羽片、羽枝和羽小枝等部分，但绒羽的羽轴较短，羽片不太紧凑，几乎完全是由羽枝组成的。除了正羽和绒羽，鸡的羽毛还有半绒羽、纤羽和刚毛等。

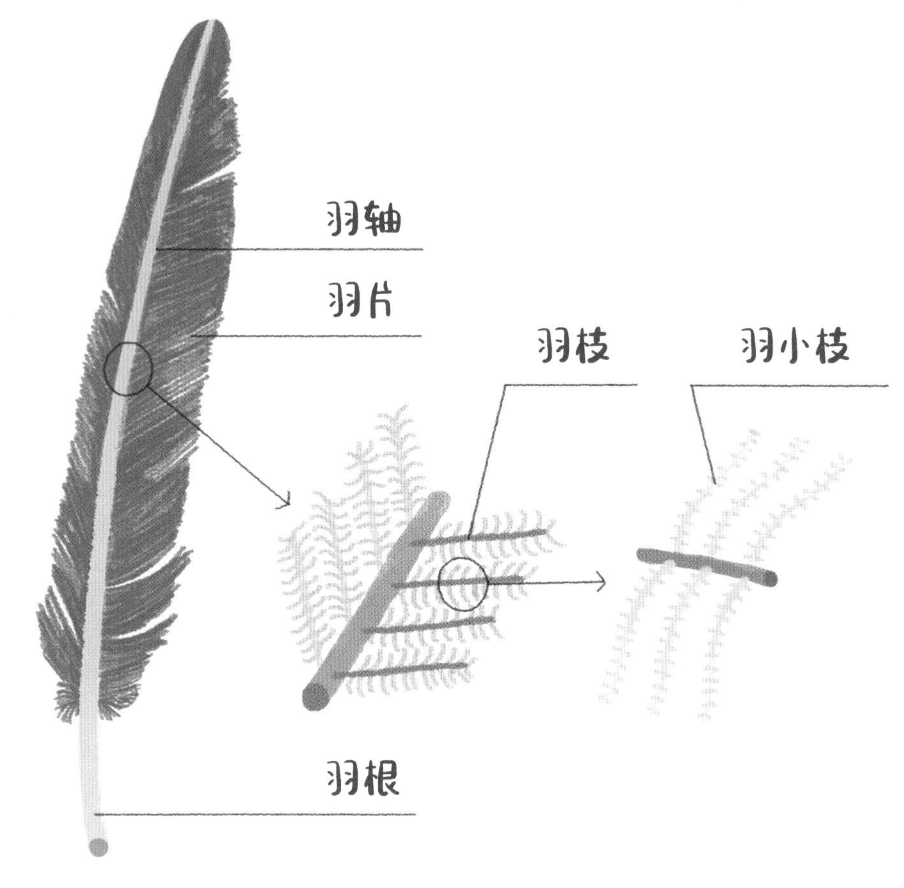

每种羽毛有什么用?

就连鸡都知道多穿几层“衣服”很重要。外层的正羽和纤羽有防水的作用。正羽和纤羽下面是半绒羽，它可以为身体保暖。贴着皮肤的绒羽也有保暖的作用。鸡的喙和眼睛旁边有一层刚毛，有点儿像睫毛。

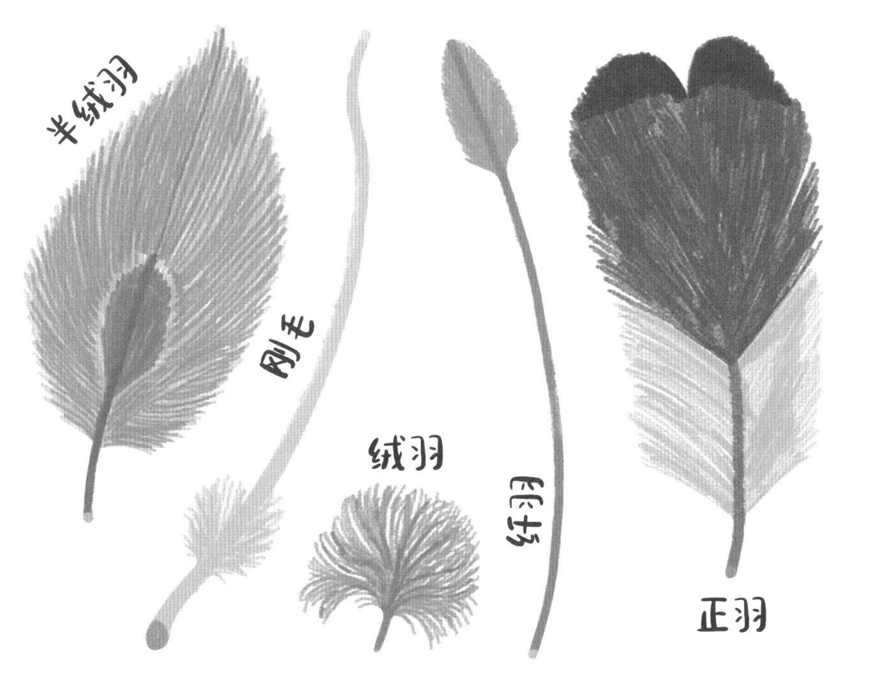

换羽

夏天结束后，鸡的外观会发生改变，它们将褪去部分或者全部旧羽毛，换上新羽毛。这种显著的身体变化就叫作换羽。

在这段时间里，大部分的母鸡会停止下蛋。换羽结束后，或者当白天再次变长时，它们就会重新开始下蛋。

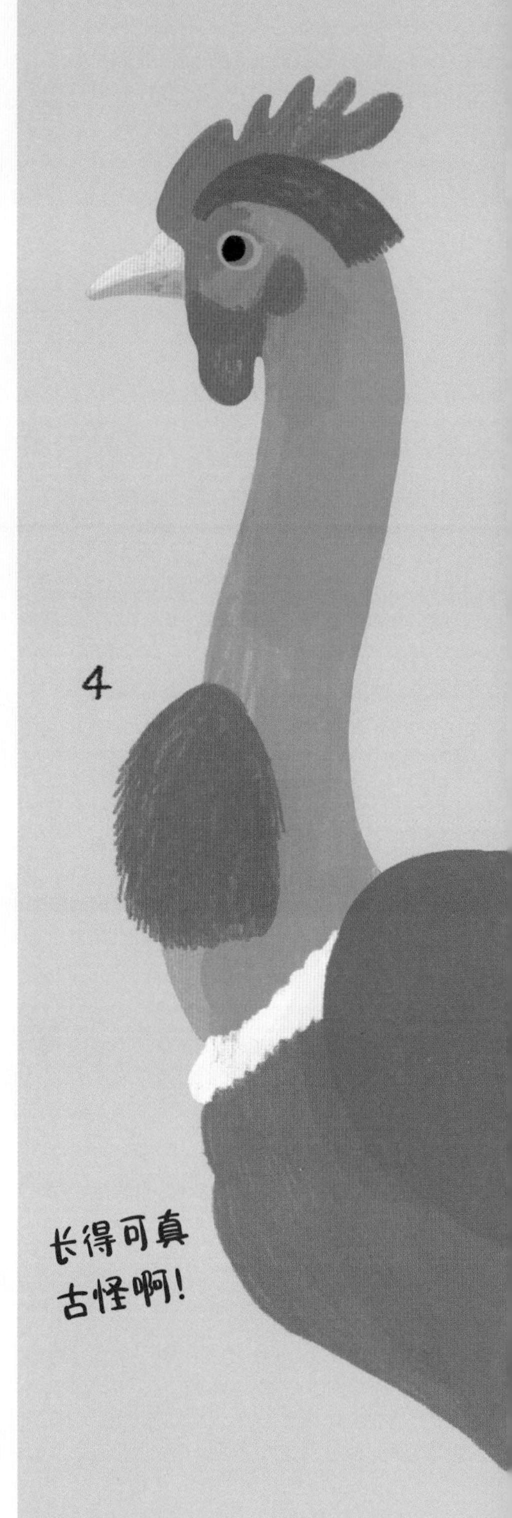

1. 羽冠

直耸在头顶上的浓密羽毛总是那么引人注目！

2. 颊羽

面部两侧的羽毛簇。

3. 颌羽

喙下面的一束毛。

肤色

在换羽的时候，鸡几乎是裸着的，这时我们就能看见它们的皮肤：通常是黄色的，或者是粉白色的，还有一些品种的鸡皮肤是全黑的！

4. 颈羽

有的鸡脖子光光的，只长了一簇颈羽，跟秃鹫的颈部差不多。

羽毛的颜色

鸡很爱炫耀自己的羽毛，就像人类喜爱展示自己的衣服一样。羽毛可以有很多种颜色、形状，并带有各种几何图案。

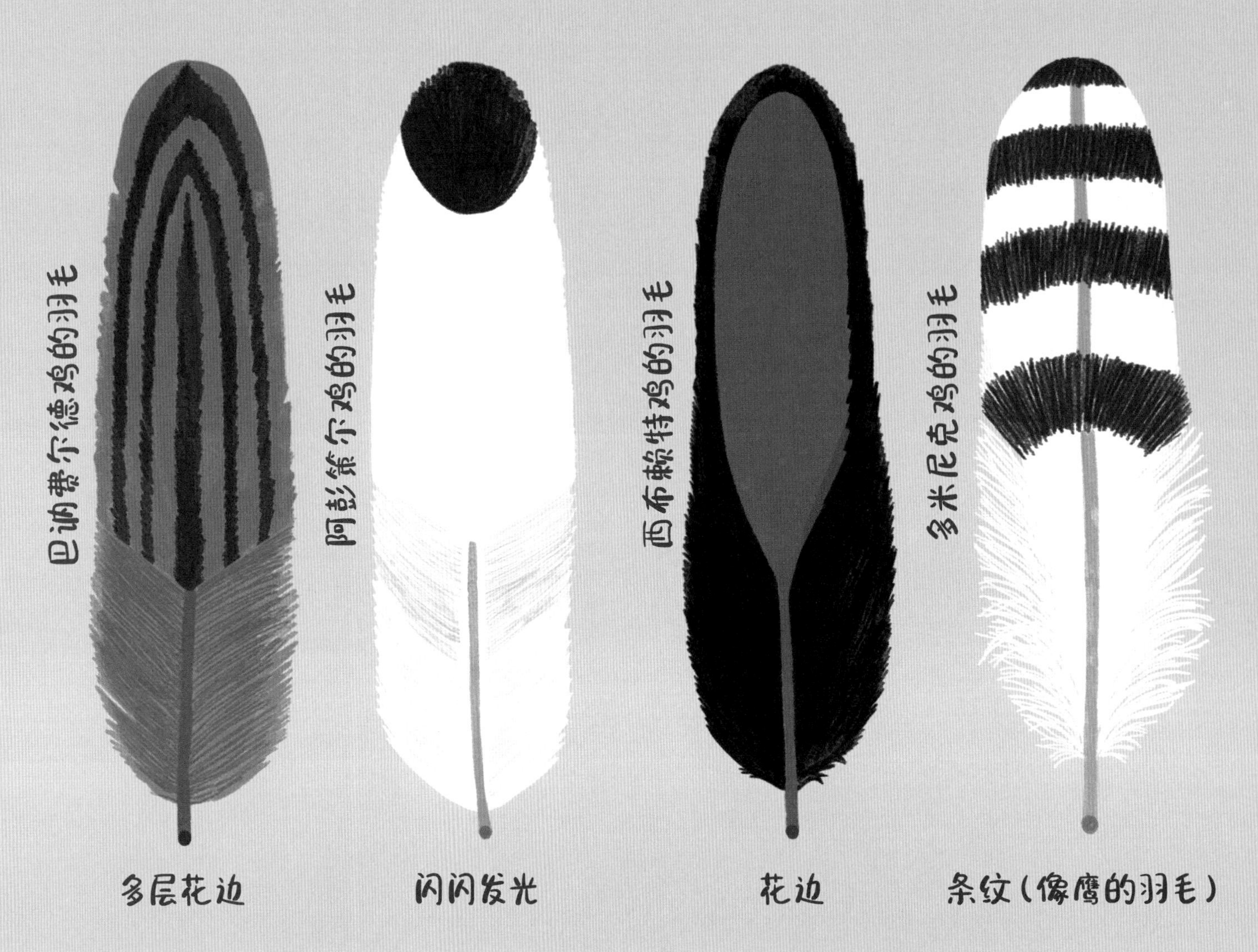

鸡毛防水

大部分鸡是不需要雨衣的，它们的羽毛御寒又防水，就算是寒冷的冬天也不怕。鸡毛的防水特性十分重要，能防止鸡由于潮湿出现健康问题（比如感冒）。

新羽毛是怎么长出来的？

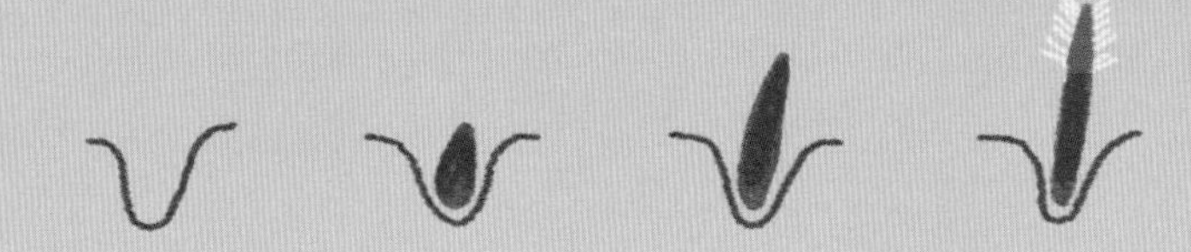

一根旧羽脱落后需要过大约 4 周，一根新羽才会从毛囊中长出来。在换羽期间，当大多数新羽刚刚长出来的时候，鸡的体表看起来就像是覆盖了一层刺猬的刺！

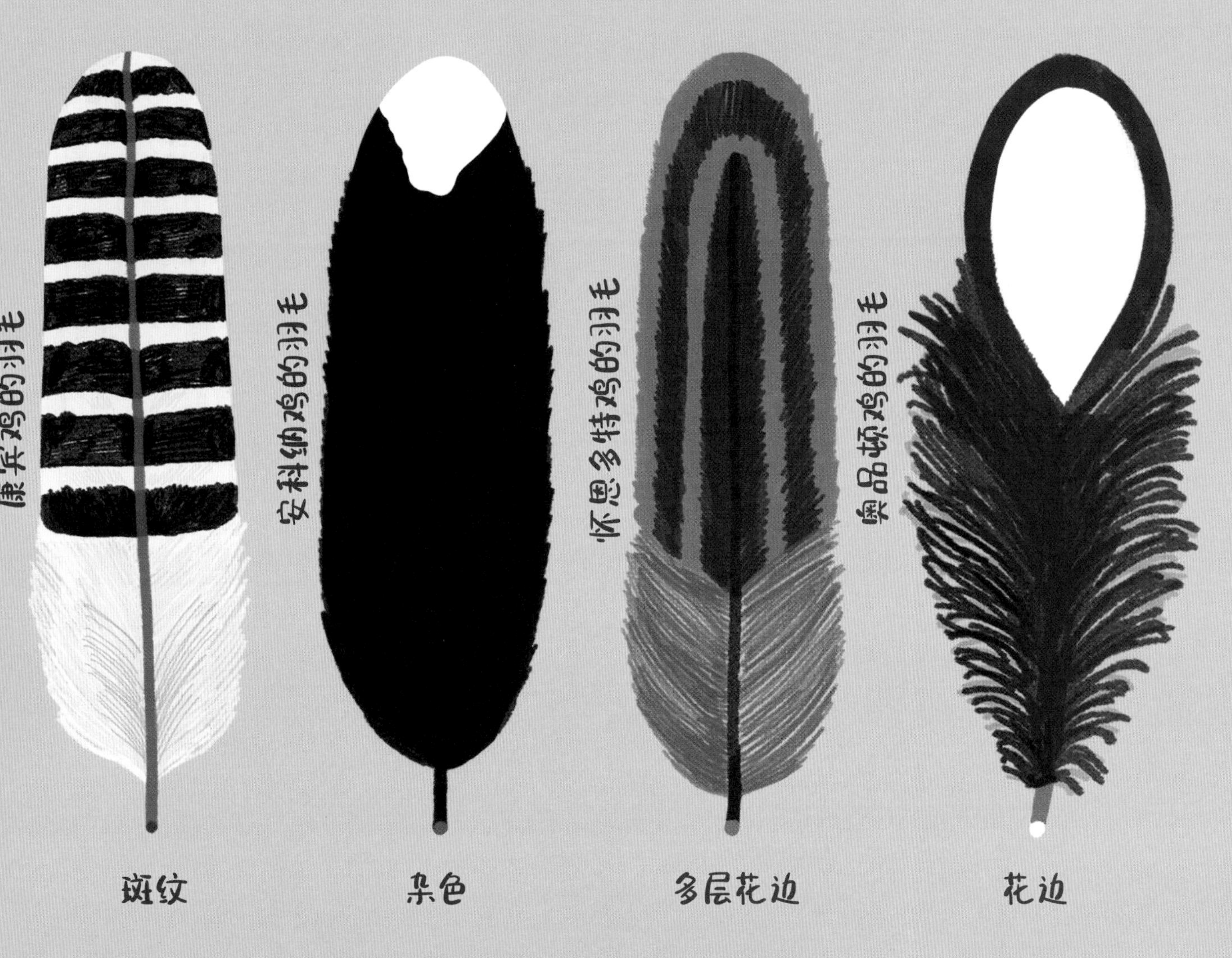

但有些鸡需要雨伞

有些品种的鸡羽毛没有那么防水。这些鸡更脆弱，需要更细心地照料。其中一些鸡的羽毛像猫毛那样又柔软又丝滑，也有些鸡的羽毛就像刚烫过的头发一样卷曲！

同一品种，色彩也不同

即使是同一品种的鸡，看起来也会很不一样，它们仿佛穿着不同的衣服。比如下面这些母鸡，都属于同一个品种——来航鸡。

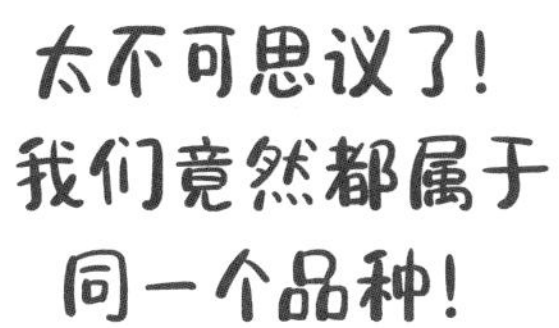
太不可思议了！
我们竟然都属于
同一个品种！

黑白花婆罗门
来航鸡
斑纹来航鸡
色斑来航鸡
银脖来航鸡
金脖白来航鸡
橘脖来航鸡

鸡会飞吗？

我们平时很少看到鸡展开鸡翼，不过如果偷偷观察它们，可能就会看到它们伸展身体，调整羽毛，这个时候的鸡翼会呈现出优美的扇形。

休斯敦，我们有麻烦了！*

鸡为了躲避捕食者，曾经发展出了飞行能力。但后来，因为人类努力地驯化它们，所以鸡在进化过程中渐渐失去了这种能力。随着时间的推移，鸡的鸡翼已经萎缩，但它们的腿变得更强壮了，身体也变得更大更重了。不过，遇到紧急情况时，鸡仍然可以向上跃起，也可以一边迅速地扇动鸡翼，一边来一次短距离的小小飞行。

* “休斯敦，我们有麻烦了！”是阿波罗 13 号宇航员向美国国家航空航天局发出的紧急求救信息，后成为遭遇突发事件的代称。

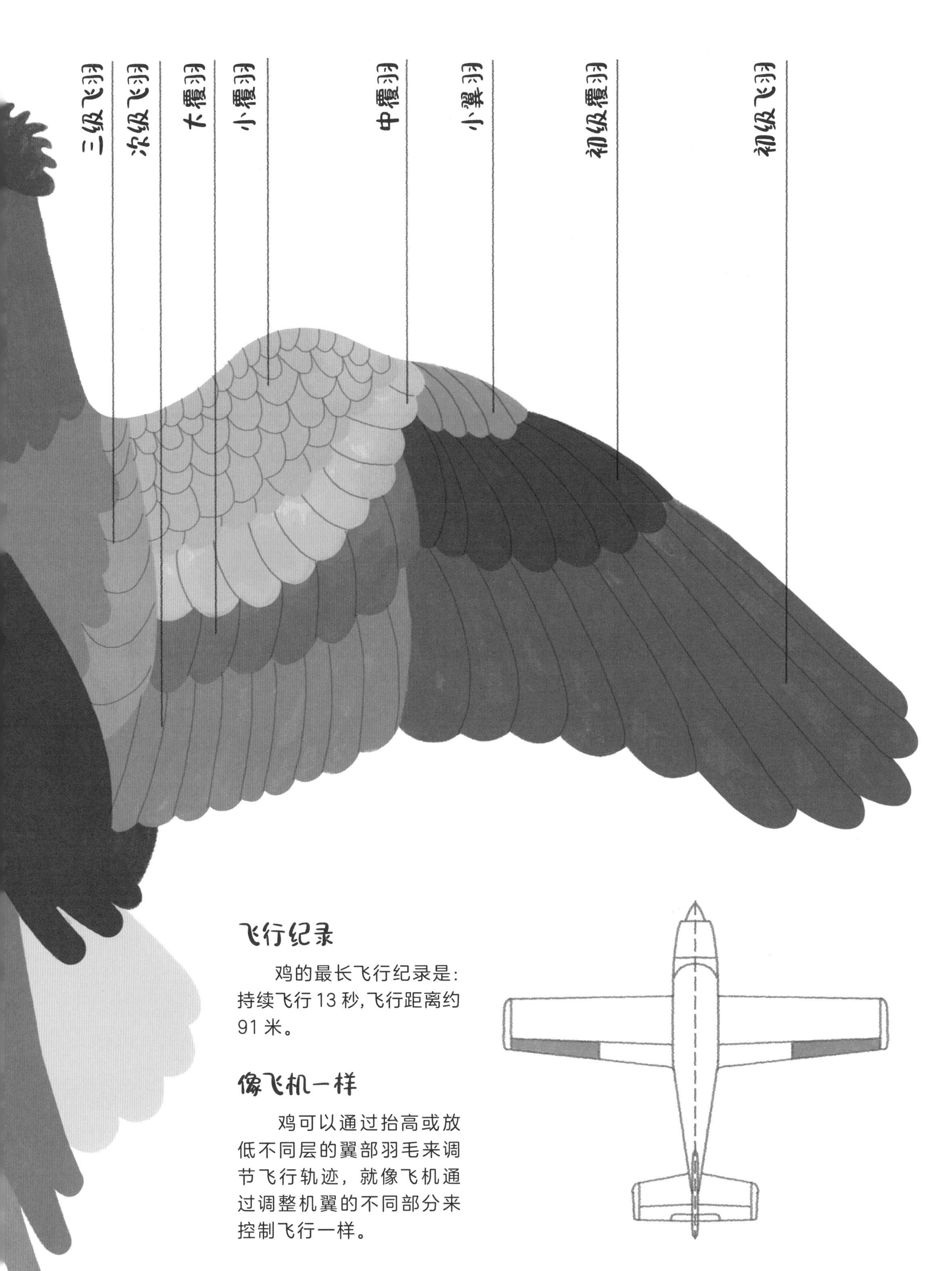

飞行纪录

鸡的最长飞行纪录是：持续飞行 13 秒，飞行距离约 91 米。

像飞机一样

鸡可以通过抬高或放低不同层的翼部羽毛来调节飞行轨迹，就像飞机通过调整机翼的不同部分来控制飞行一样。

鸡的身体构造

鸡的外表

喙

鸡是如何“咀嚼”的？鸡没有牙齿，所以它们会时不时地从地上啄起一块小石头吞下去，这能帮助它们的胃部更好地分解和消化食物。

眼睛

鸡的日间视力超级好！不像人类，它们甚至可以看到紫外线，这就意味着它们的眼睛能识别更宽的光谱，看到的景象的对比度和精度也更高。但是，鸡在夜间视力受限。

耳

由于鸡的耳内部构造特殊，所以当它们需要减弱声音的影响时，只要把喙张大就可以了。

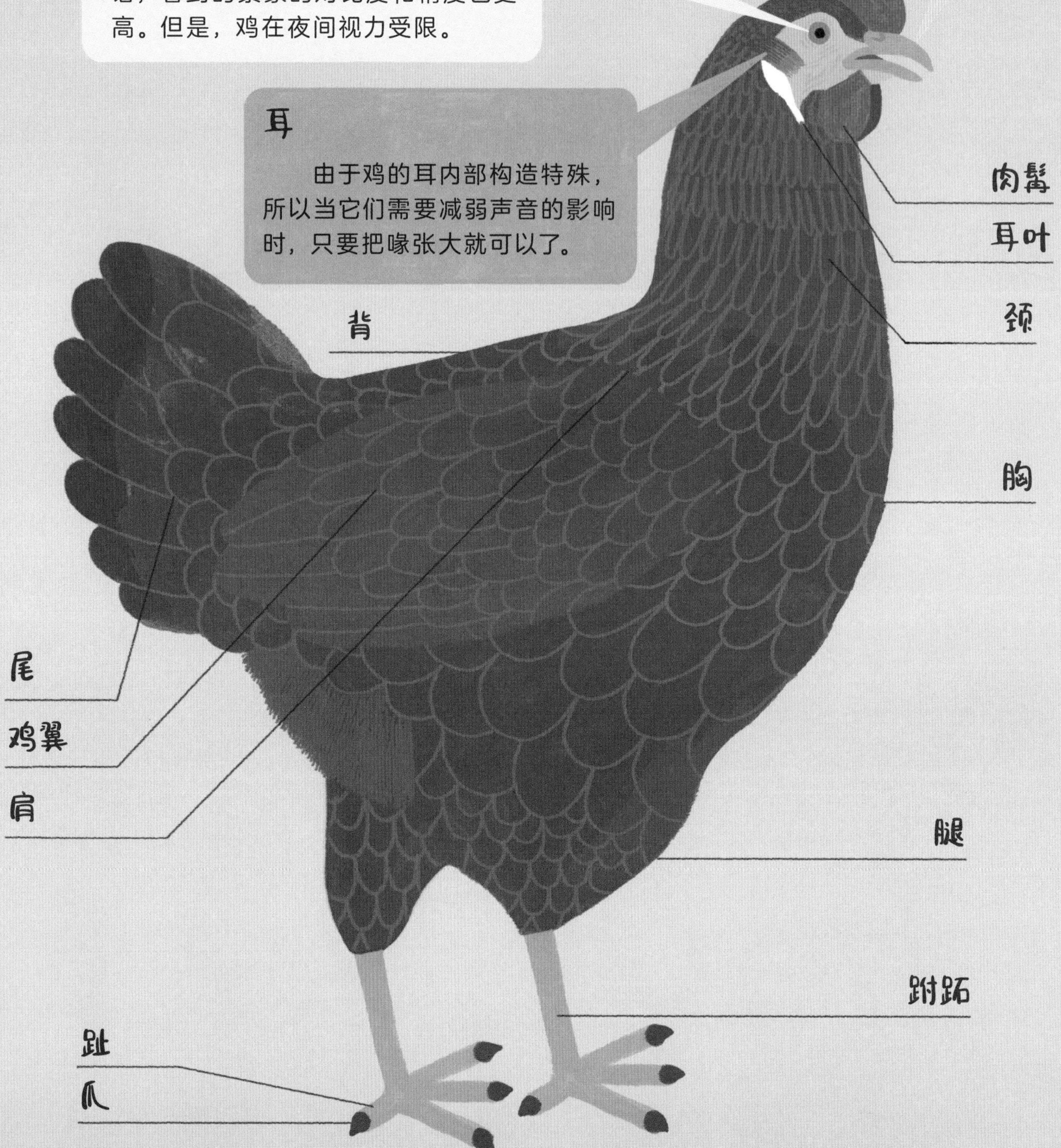

鸡的内部

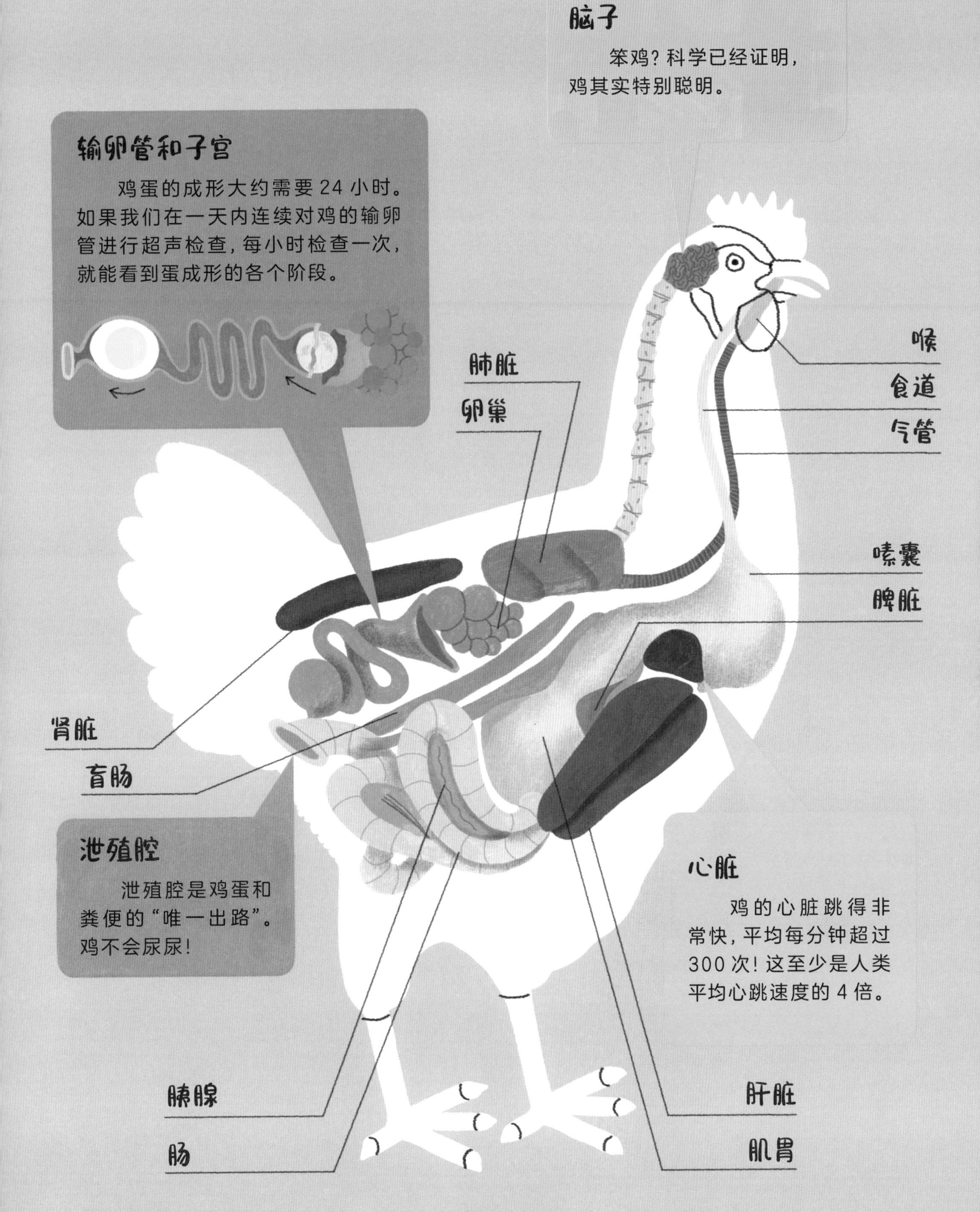
脑子
笨鸡？科学已经证明，鸡其实特别聪明。
输卵管和子宫
鸡蛋的成形大约需要 24 小时。如果我们在一天内连续对鸡的输卵管进行超声检查，每小时检查一次，就能看到蛋成形的各个阶段。
肺脏
卵巢
喉
食道
气管
嗉囊
脾脏
肾脏
盲肠
泄殖腔
泄殖腔是鸡蛋和粪便的“唯一出路”。鸡不会尿尿！
心脏
鸡的心脏跳得非常快，平均每分钟超过 300 次！这至少是人类平均心跳速度的 4 倍。
胰腺
肠
肝脏
肌胃

嘀嗒……嘀嗒……

我们如果把鸡的骨骼和恐龙骨骼化石进行比较，尤其是仔细观察始祖鸟的骨骼化石，就会发现一些相似之处。这种比较有助于我们梳理鸡从几百万年前到现在的进化过程。

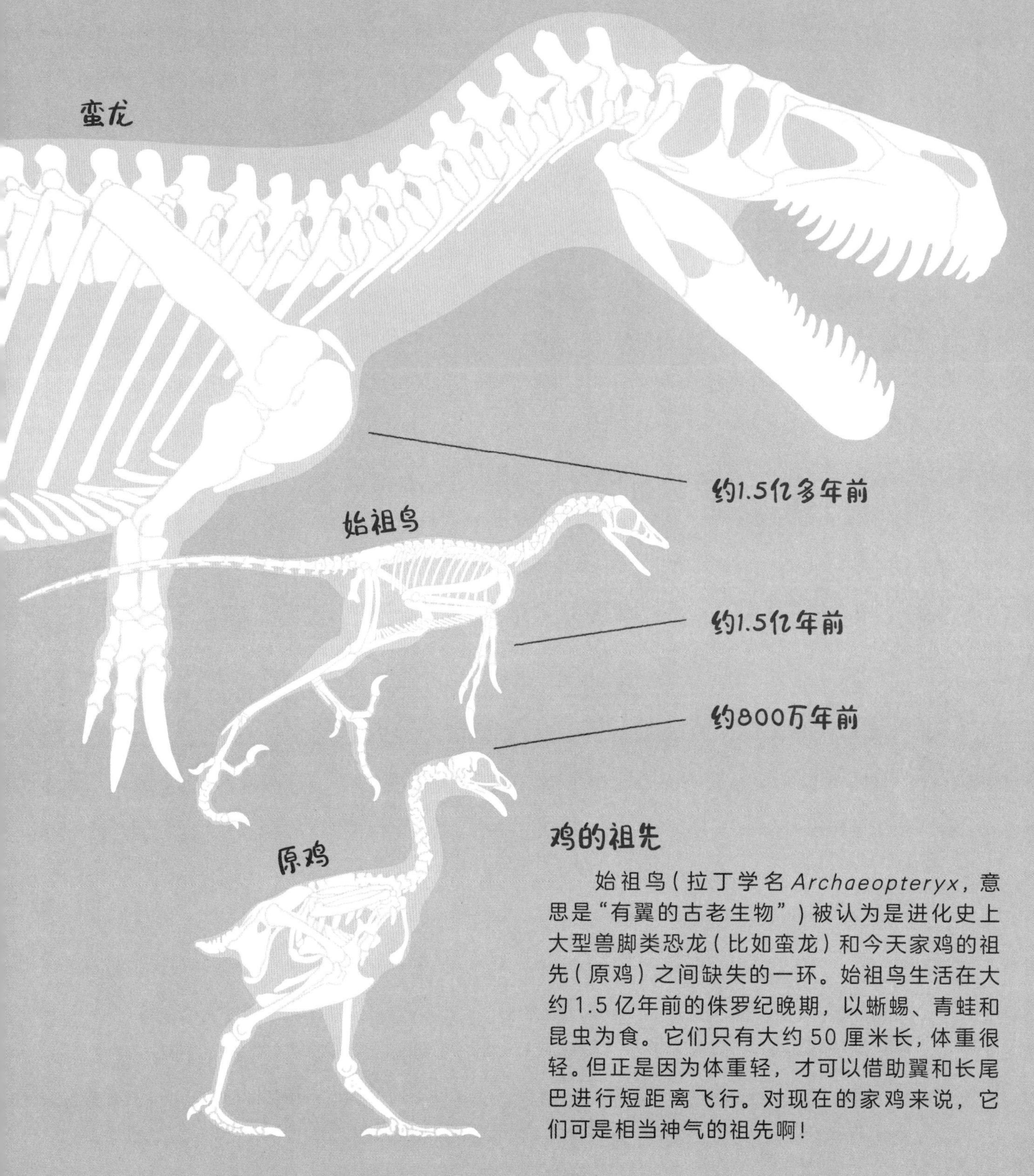

鸡的祖先

始祖鸟（拉丁学名 *Archaeopteryx*，意思是“有翼的古老生物”）被认为是进化史上大型兽脚类恐龙（比如蛮龙）和今天家鸡的祖先（原鸡）之间缺失的一环。始祖鸟生活在大约 1.5 亿年前的侏罗纪晚期，以蜥蜴、青蛙和昆虫为食。它们只有大约 50 厘米长，体重很轻。但正是因为体重轻，才可以借助翼和长尾巴进行短距离飞行。对现在的家鸡来说，它们可是相当神气的祖先啊！

鸡的X光片

颈部

鸡的颈部是“S”形的，因此鸡可以在短距离的飞行过程中控制重心，减轻着陆的冲击力。

多亏了灵活的颈部，鸡可以很方便地收集食物和清洁身体。

骨头

鸟类需要质轻的骨骼才能飞行，鸡也不例外，即使鸡不常飞。鸡的骨骼平滑而富有弹性，多是中空的，因为与肺部相通，骨腔内充满空气。骨头还能提供钙，这对蛋壳的形成很重要。

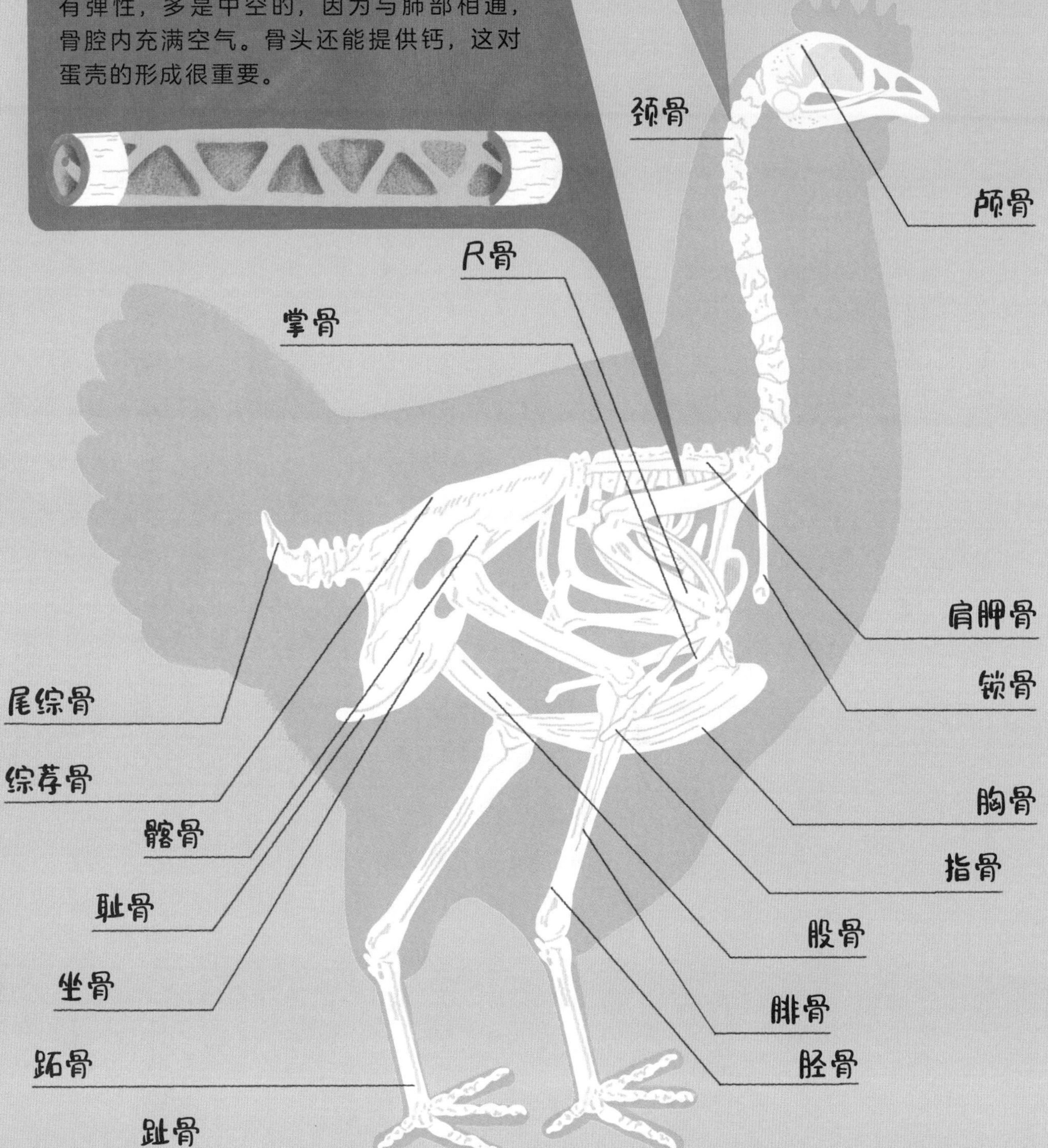

鸡冠竖起来！

鸡冠是鸡最典型的特征之一，往往也是不同品种鸡的主要区别。很多人认为只有公鸡才有鸡冠，其实母鸡也有，只不过公鸡的鸡冠更大更显眼。有些鸡冠的样式比较普通和常见，也有些鸡冠的样式比较独特和罕见。

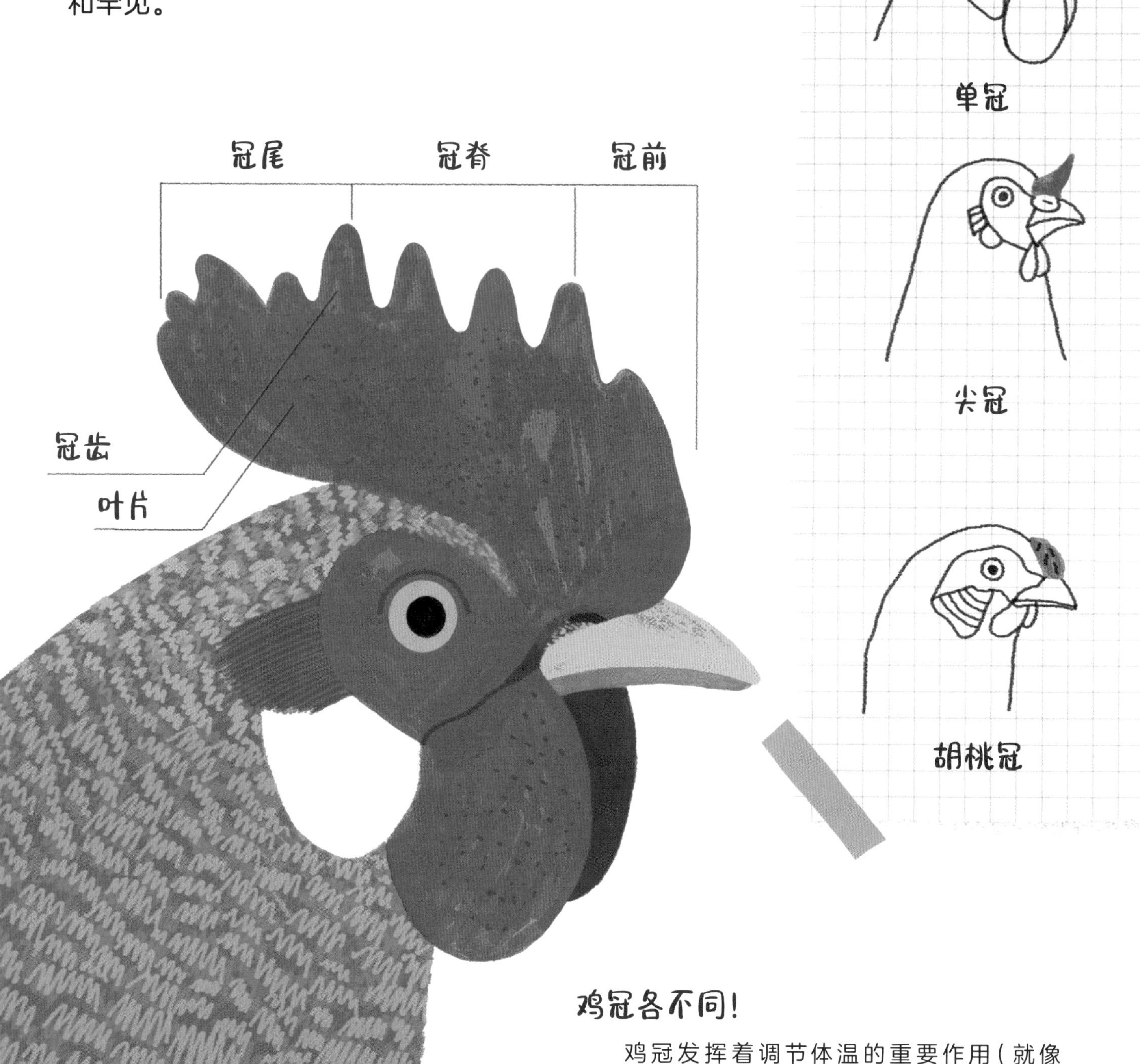

鸡冠各不同！

鸡冠发挥着调节体温的重要作用（就像狗的舌头一样）。鸡冠越大，这个品种的鸡就越能适应温暖的气候。鸡冠较小的品种通常来自气候寒冷的地方，在那里较大的鸡冠更容易被冻住。

原始的冠

最早的非骨质冠是在埃德蒙顿龙（生活在地球上的最后一批恐龙之一）的化石上发现的，它们的冠是肉质的，有鳞片。

站起来!

鸡的脚不仅用于走路，还有很多用处，比如在地上刨土以寻找食物，为保护自己而战斗，紧紧抓住树枝，或者只是挠一挠自己的身体。

趾的数量

一般来说，鸡的脚上有 4 根趾，上面有坚硬的爪，用来挖土、拔草。然而，有些品种的鸡有 5 根趾。公鸡还有鸡距，战斗时可以当作武器，交配时可以用来紧紧抓着母鸡。

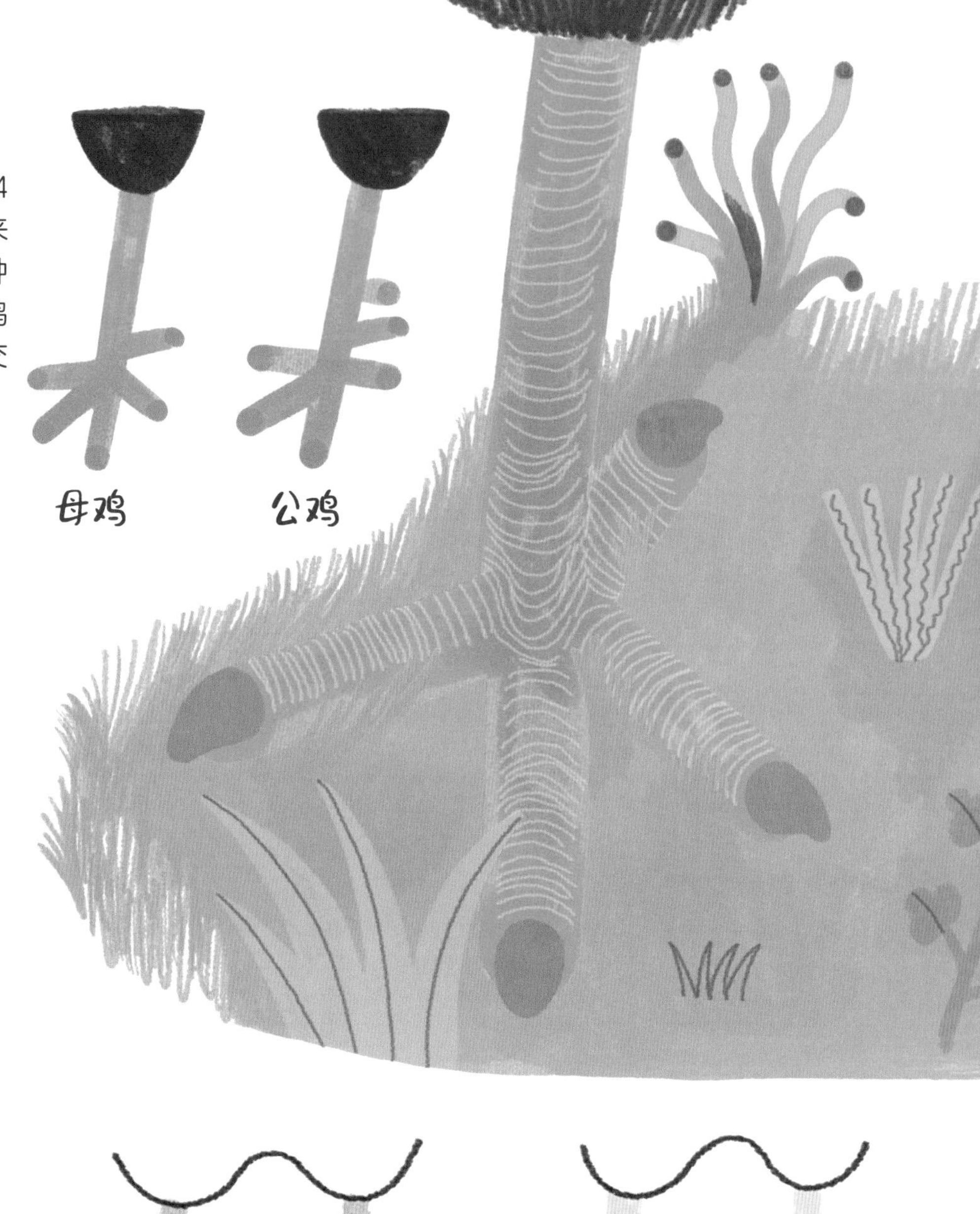

脚的颜色

鸡脚的颜色是由遗传因素决定的，而且有很大差异：有黄色的（最常见的颜色）、绿色的，也有石蓝色的和黑色的，等等。有些品种的鸡脚上还覆盖着羽毛。

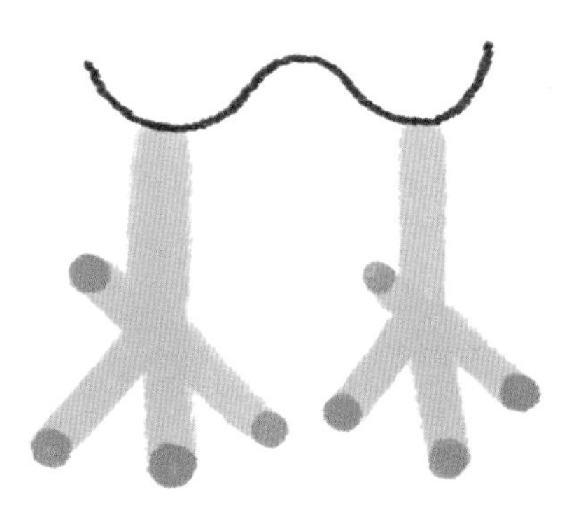

放松一下……

鸡经常单腿站立休息。外面很冷的时候，它们会把两条腿轮流塞进羽毛里取暖，就和我们把手塞进口袋里差不多。

来段瑜伽

有时你会看到一只鸡在做瑜伽——伸出一条腿（同时伸展同侧的翼），就像猫一样！

它们的脚印

每种鸟留下的脚印形状和大小都不一样。只需要地上有点儿雪或者泥，就可以追踪一只鸟或研究它的脚印。鸡的脚印很容易识别。

脚印的路线

除了脚印的形状和大小，脚印的路线也值得注意。例如，母鸡的脚印是沿着一条略带波浪形的路线排列的。

鸡在干什么？

你可以通过测量相邻脚印之间的距离推断出这只鸡是在一个地方啄食，还是在走，或者在跑。

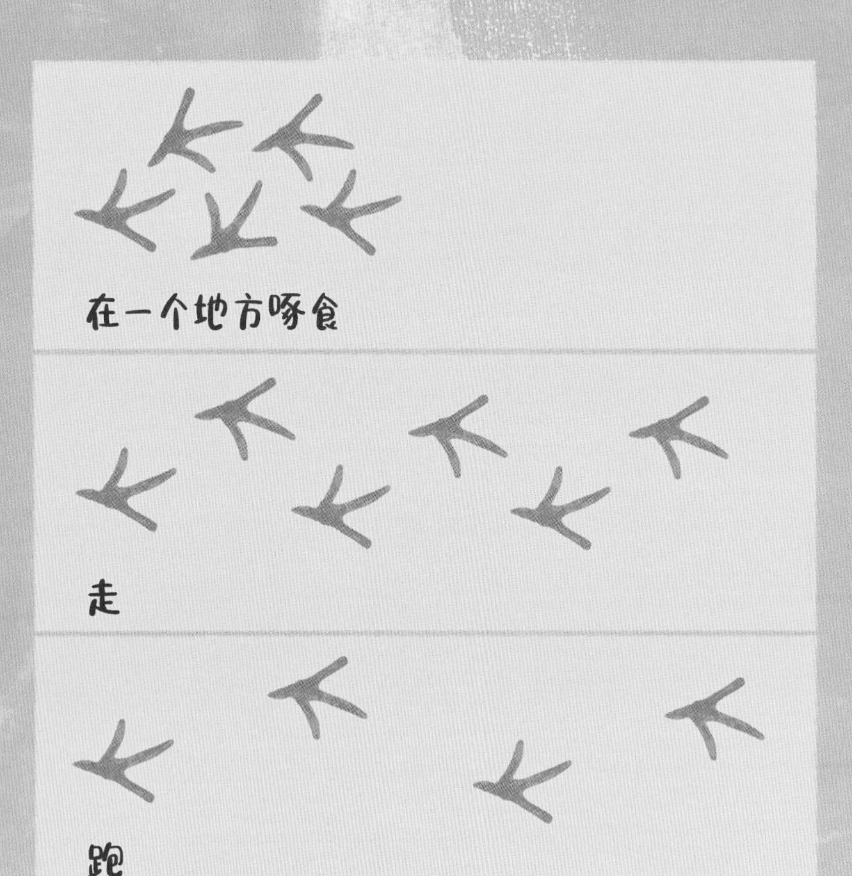

海鸥的脚印

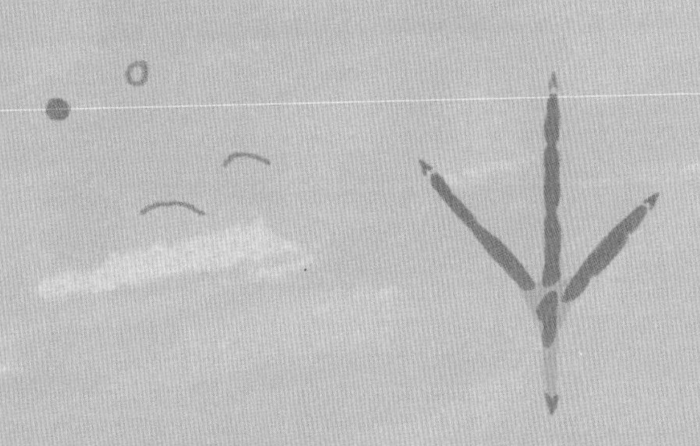

苦恶鸟的脚印

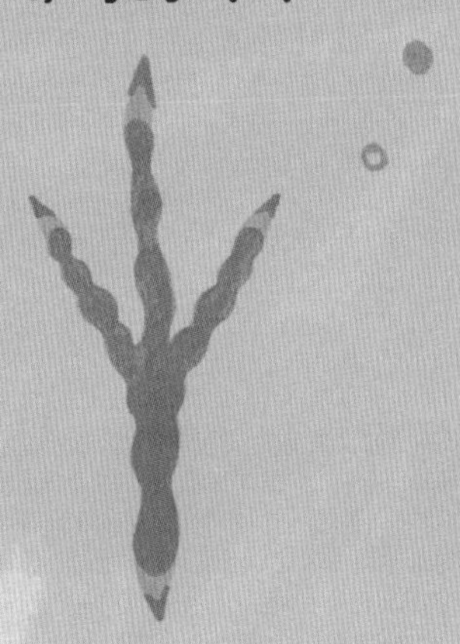

乌鸦的脚印

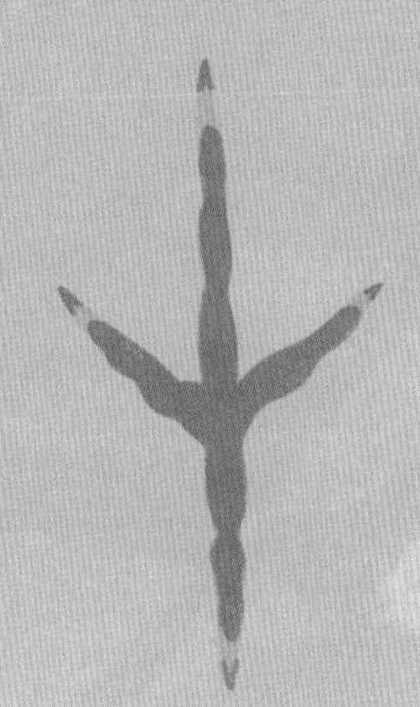

喜鹊的脚印

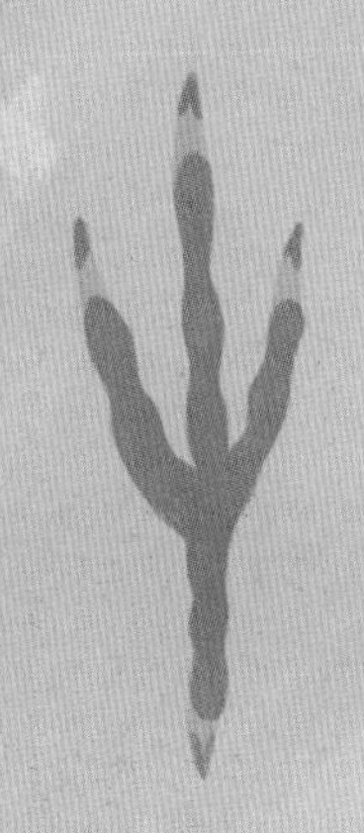

松鸦的脚印

快，去叫医生！

阿——阿嚏！没错，很不幸，鸡也会生病。如果鸡生病了，你需要马上带它们去看医生。当然啦，是去看兽医。照顾好你的鸡很重要。如果被照顾得很好，它们平均能活 8 年，有的鸡甚至能活到 20 岁高龄！

毛细线虫

这种蠕虫可在鸡的嗉囊、胃或肠中发现，会导致鸡食欲下降，常做吞咽动作。

沙门氏菌

这种细菌可以通过蛋壳从鸡传播给人，这就是为什么处理鸡蛋后一定要先洗手再烹饪。

红螨

红螨是蜘蛛的远亲，大多生活在鸡舍里，晚上出来叮咬鸡，吸鸡的血，跟蚊子对人的所作所为有点儿像。

鸡虱

鸡身上也会生虱子！感染的鸡需要立即从鸡群中移走，以防虱子的传播。

绦虫

绦虫又长又扁，鸡体内最长的绦虫长度可达 25 厘米，存在于鸡的肠道中，会导致鸡易感多种疾病。

禽流感

一种传染性很强的疾病，通过野生鸟类迁徙传播到全世界，尤其是通过天鹅和绿头鸭及其他鸟类迁徙传播。

禽流感病毒

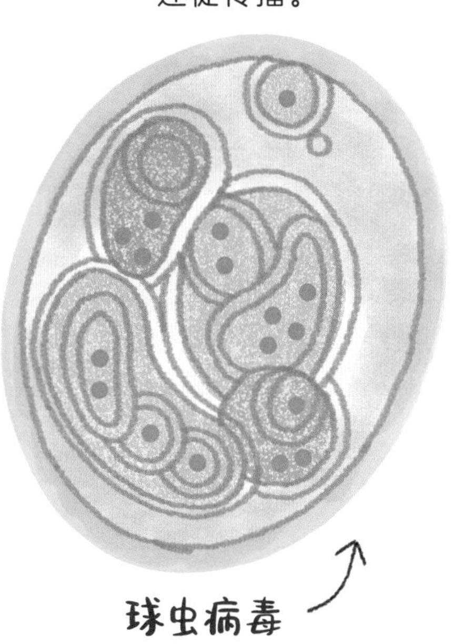

球虫病

温度和湿度的突然升高会导致鸡感染球虫病，这是一种消化系统疾病。

球虫病毒

笨鸡？说谁呢？

虽然鸡的大脑很小，但鸡脑中的神经元密度比大多数哺乳动物，甚至比一些灵长类动物的都要高。

科学证明，小鸡可以数到 4。如果你想想大多数猫只能数到 3，而大多数狗、大象和猩猩只能数到 5，你就会非常惊讶了。

只需要一点点训练，鸡就能发展出令人难以置信的逻辑和推理能力，以及完成体能测试、投球、进行平衡练习……鸡甚至还可以弹钢琴。

来点儿音乐吧，大音乐家！

鸡的超能力：300 度的视野

鸡有 300 度的视野，比人的视野宽得多，人的视野只略大于 180 度。鸡几乎能看到周围发生的一切！因为它们是单眼视觉，所以两只眼睛可以同时看不同的方向。比如，它们可以一只眼睛盯着地面上的蠕虫，另一只眼睛望着天空，以确认天上没有捕食者。

鸡的听力很好

虽然你看不到鸡被羽毛覆盖着的耳，但鸡的听力很好。此外，与人不同的是，鸡的听力不会随着年龄的增长而下降，这是因为鸡体内有关听力的细胞受损后可以再生。

精神焕发

和许多其他动物一样，鸡也喜欢音乐。听古典音乐时，它会更平静、更放松。

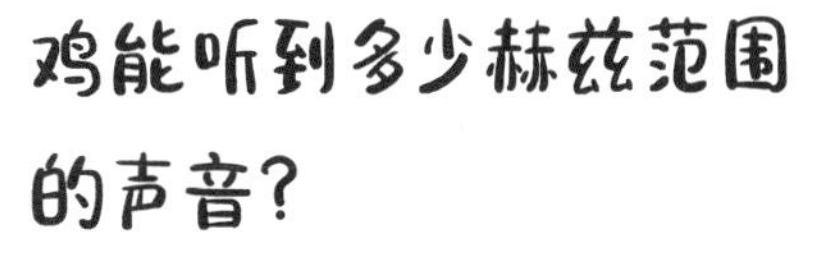

鸡能听到多少赫兹范围的声音?

鸡能听到 50 ~ 12000 赫兹的声音，比正常人类的听力范围（20 ~ 20000 赫兹）要小。尽管如此，鸡的听力范围比许多其他动物要大得多：乌龟听不到女高音演唱的最高音（高达 2000 赫兹），但鸡（还有青蛙）可以欣赏整场音乐会!

不同动物的听力范围

乌龟	20～1000赫兹
青蛙	100～3000赫兹
鸡	50～12000赫兹
人	20～20000赫兹
狗	15～50000赫兹
猫	60～65000赫兹

关于鸡蛋

鸡蛋

鸡蛋壳

鸡蛋壳的用处很多。碾碎的鸡蛋壳可以形成一个天然的屏障，抵御那些“黏糊糊的”昆虫及蜗牛、蛞蝓、蠕虫等动物。它们是花园中的“害虫”，会吃植物的叶片。鸡蛋壳磨成的粉末可以制成面膜、洗衣粉，或用来清洁锅碗瓢盆。鸡蛋壳有白色和粉红色的，有些鸡还会下蓝色、绿色、巧克力色等各种颜色的蛋。

气室

随着时间的推移，鸡蛋钝端的气室会膨胀。要判断鸡蛋是否新鲜，可以在杯里装满水，然后把鸡蛋放进去。如果鸡蛋沉到碗底，说明它很新鲜；如果浮到水面上，说明它放了好久，已经不新鲜了！

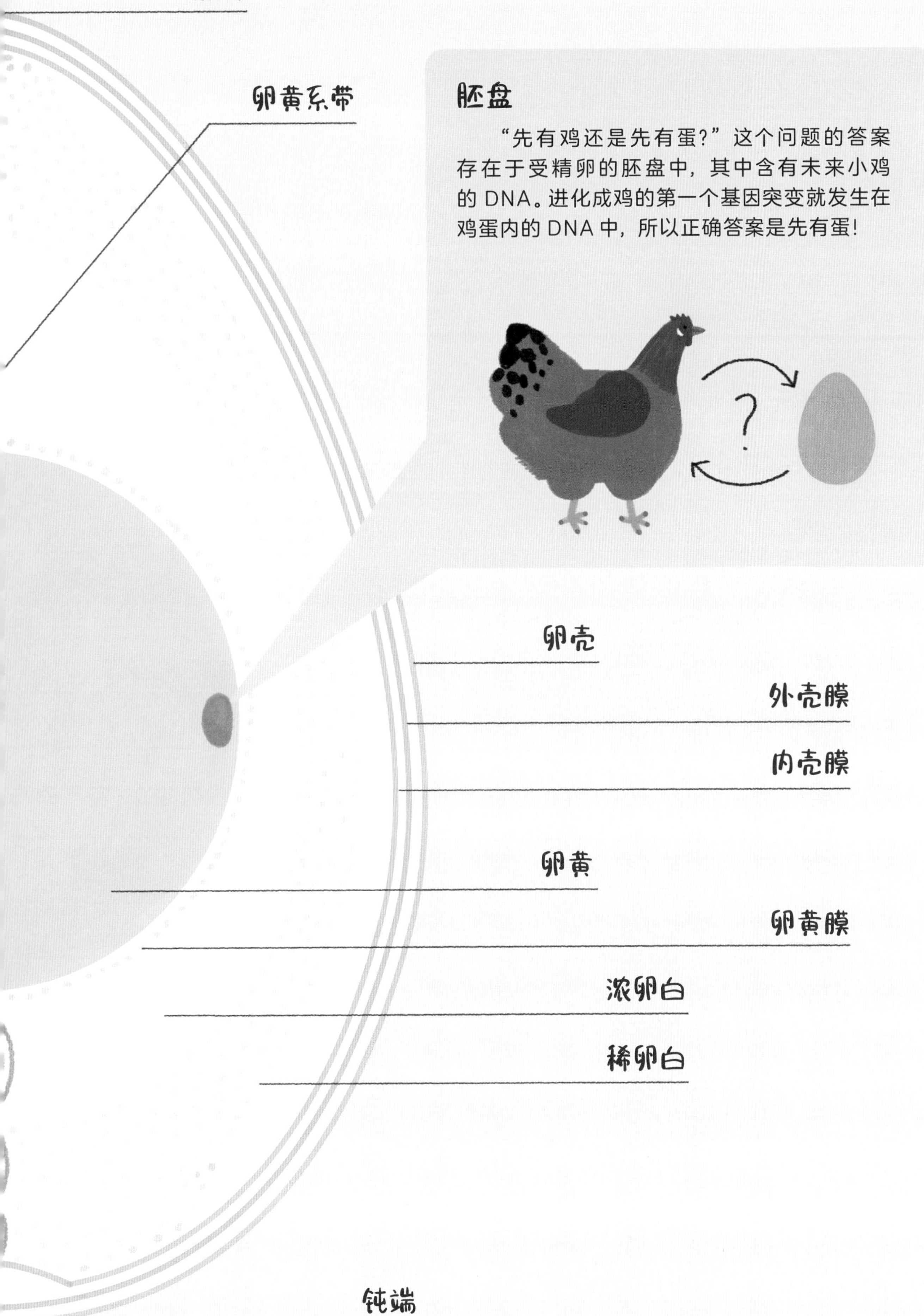

胚盘

“先有鸡还是先有蛋?”这个问题的答案存在于受精卵的胚盘中，其中含有未来小鸡的 DNA。进化成鸡的第一个基因突变就发生在鸡蛋内的 DNA 中，所以正确答案是先有蛋!

一枚鸡蛋有多大？有多重？

做 1 个普通生日蛋糕大概需要 3 枚鸡蛋，不过，应该是多大的鸡蛋呢？鸡蛋有各种各样的大小，我们可以这样分类：S 号（小号）、M 号（中号）、L 号（大号）、XL 号（超大号）。

最重的鸡蛋历史纪录

1956 年，一只母鸡产下了一枚有纪录以来最大的蛋，并被载入吉尼斯世界纪录。这枚鸡蛋重达 454 克，而通常情况下，我们买到的一枚鸡蛋重约 55 克，一枚鹌鹑蛋重约 10 克，一枚鹅蛋重约 140 克。

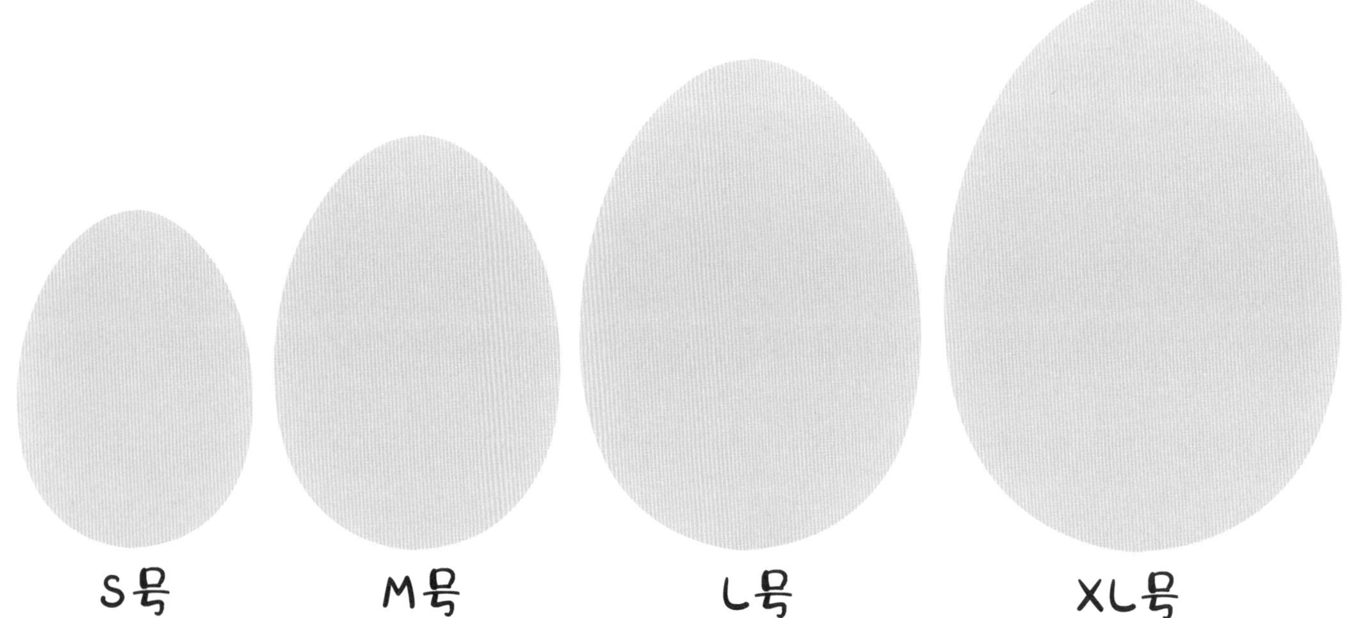

比较并测量鸡蛋的重量

上图画的是鸡蛋的实际大小。你可以用这些形状作为标准，测量一下家里鸡蛋的大小。

奇妙的蛋（或卵）

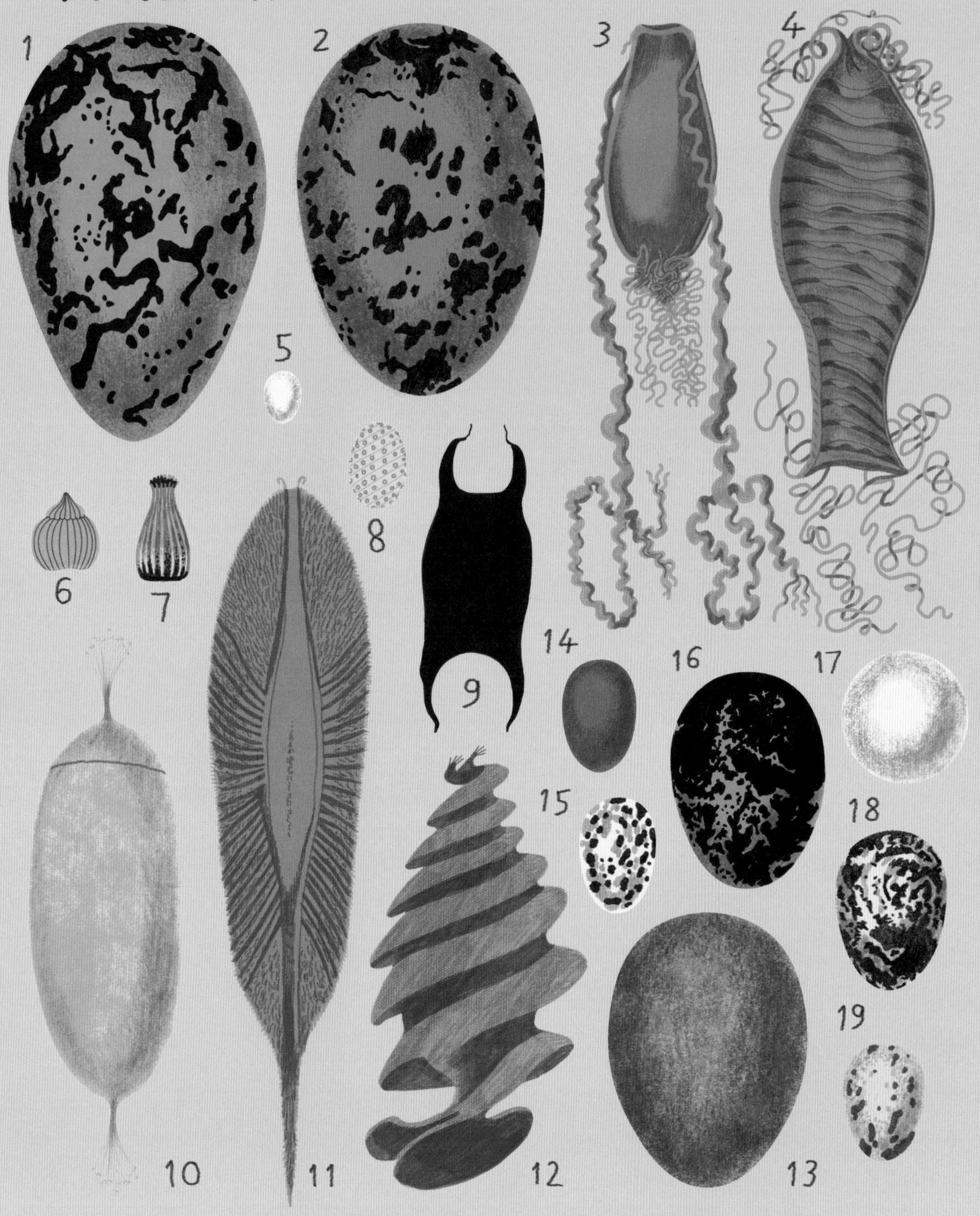

除了鸡蛋，大自然中还存在着各种各样的蛋（或卵），这些蛋（或卵）分别来自：
1. 海雀　2. 海鸥　3. 小斑猫鲨　4. 大斑猫鲨　5. 蜂鸟　6. 草地贪夜蛾
7. 枭蛾　8. 尺蛾　9. 鳐鱼　10. 盲鳗　11. 银鲛　12. 鲨鱼　13. 隼　14. 夜莺
15. 麻雀　16. 松鸡　17. 海龟　18. 鹌鹑　19. 杜鹃

厨房里的鸡蛋

鸡蛋营养丰富。为了保留这些营养，鸡蛋加工得越少越好！这里展示了一些最常见的用不同方法烹饪的鸡蛋类食物及其对应的烹饪时间。

蛋白

主要由水组成，但也含有蛋白质和脂肪。

蛋黄

它的蛋白质含量比蛋白的高，脂肪含量也很高。蛋黄中 50% 是水。

世界各地的鸡蛋美食

在世界各地，鸡蛋都是用来制作许多美食的基本材料，无论是开胃菜、甜点，还是特调饮料、鸡尾酒或餐后甜酒。

下面列出了一些鸡蛋美食及其发源地。

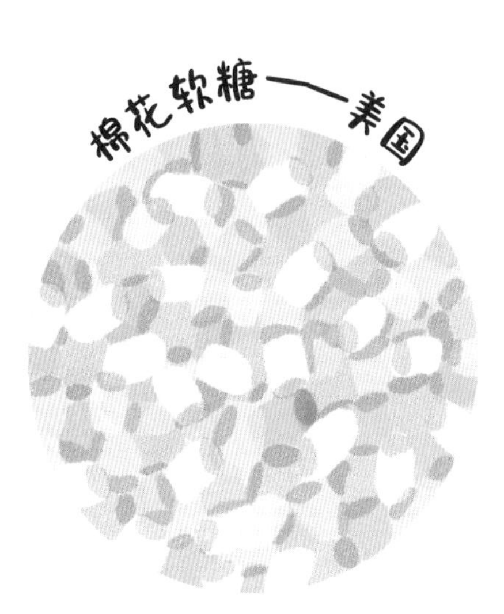

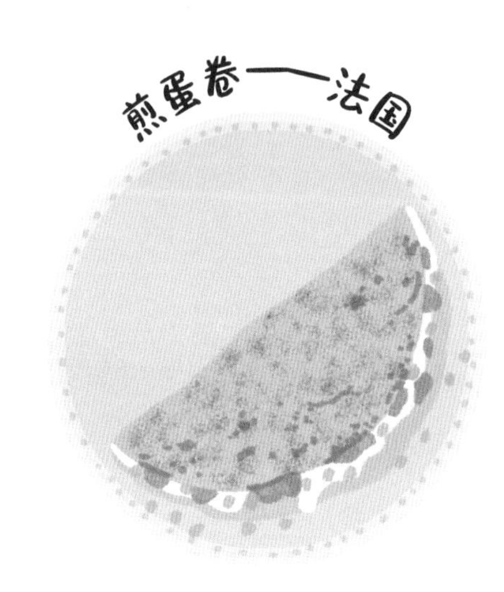

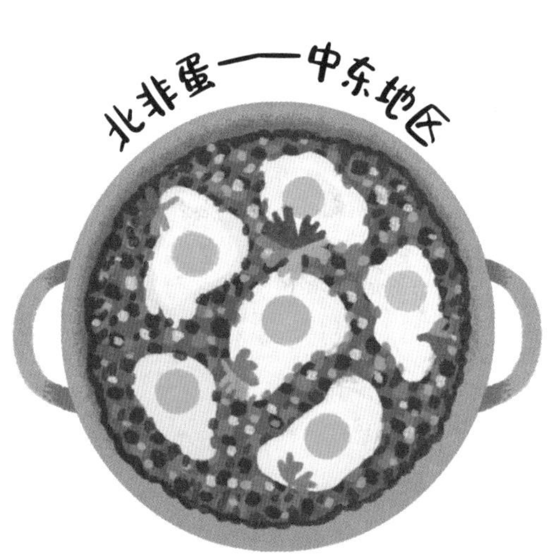

柠檬酪——英国

国王松饼——奥地利

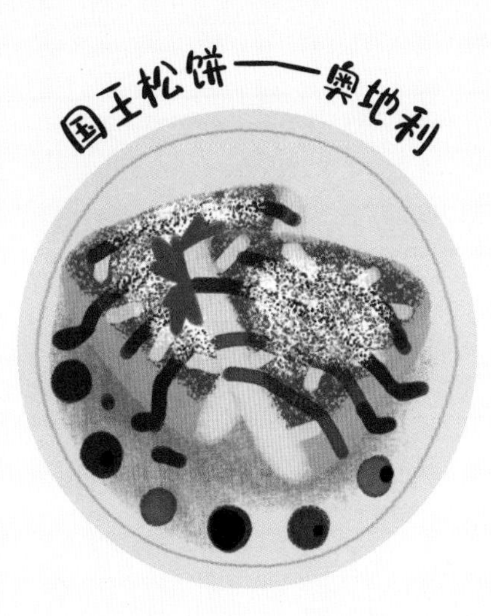

鸡肉柠檬蛋汤——希腊

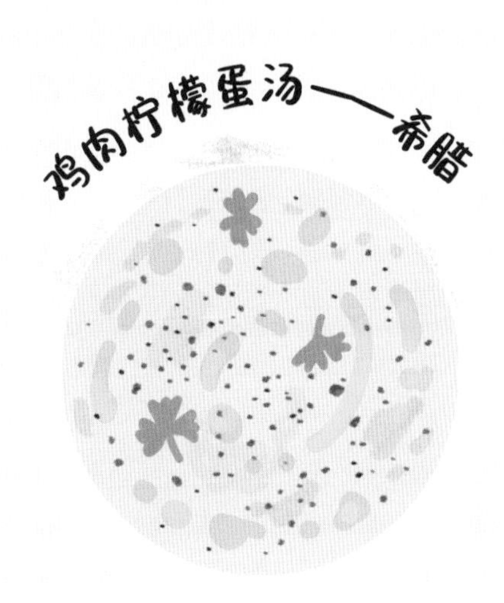

玉子烧——日本

奶油培根意面——意大利

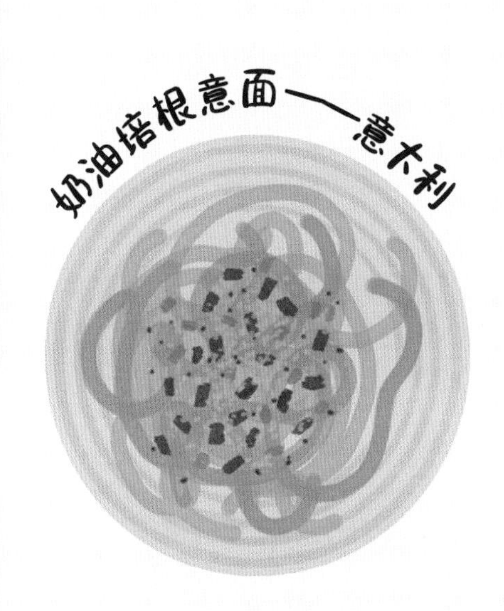

鸡蛋咖啡——越南

帕夫洛娃蛋糕——澳大利亚或新西兰

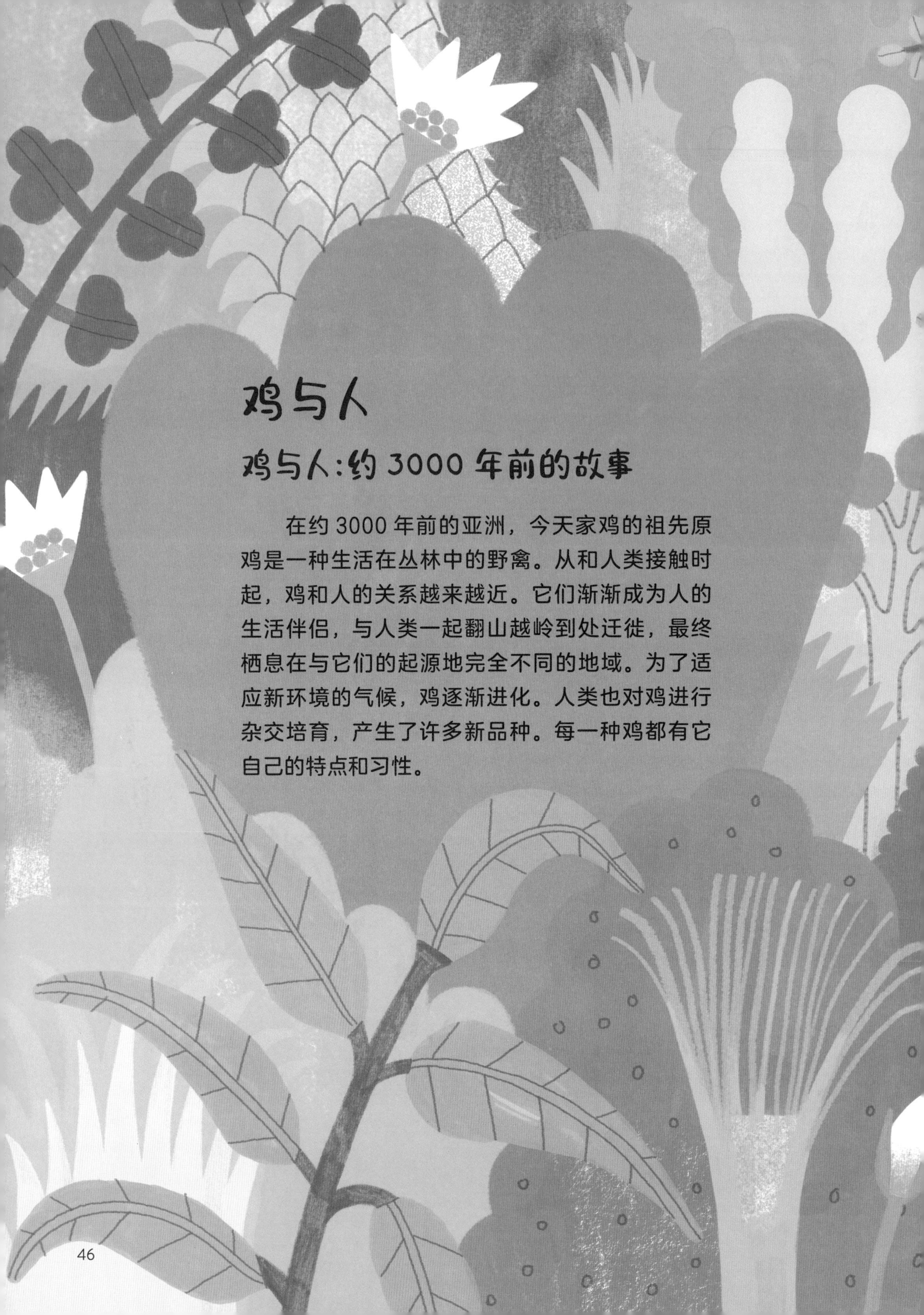

鸡与人

鸡与人：约 3000 年前的故事

在约 3000 年前的亚洲，今天家鸡的祖先原鸡是一种生活在丛林中的野禽。从和人类接触时起，鸡和人的关系越来越近。它们渐渐成为人的生活伴侣，与人类一起翻山越岭到处迁徙，最终栖息在与它们的起源地完全不同的地域。为了适应新环境的气候，鸡逐渐进化。人类也对鸡进行杂交培育，产生了许多新品种。每一种鸡都有它自己的特点和习性。

鸡塑造了历史吗？

中世纪以前

从古埃及时代到罗马帝国时代，鸡在人类历史上留下了自己的印记。长期以来，人类一直在石雕、绘画中强调鸡的重要性。

中世纪

随着时间的推移，人类学会了照顾鸡。他们建造鸡舍，保护鸡免受天敌和恶劣天气的侵害，并喂养它们。鸡最终被完全驯化了。

大航海时代

你也许会说，鸡征服了世界！因为在人类探索世界的重要经历中，以及在亚洲、欧洲和新发现的美洲之间的贸易中，鸡一直陪伴着人类，去往它们以前从未去过的地方。

18 世纪至今

人类对不同品种的鸡的兴趣变成了一种彻底的痴迷，世界各地的饲养者都在努力培育最漂亮的品种和产蛋最多的品种。

有魔力的象征符号

在历史的长河中，公鸡、母鸡和鸡蛋在人类生活中扮演了非常重要的角色，它们具有强烈的象征意义。

公鸡

公鸡在黎明时分啼叫，象征光明战胜黑暗，以及保卫家园的力量。这就解释了为什么屋顶上经常能看到带有公鸡图案的风向标。

母鸡

母鸡是小鸡的好妈妈。母鸡是全世界公认的母爱和保护的象征。在一些地区的传统中，母鸡也象征着财富和富足。

鸡蛋

蛋代表着生命的起源：许多古老的神话认为，整个世界都是从一个巨大的“宇宙蛋”中诞生的。到了现在，蛋象征着春天，代表着在冬天之后的新生，因此也代表着死亡之后的重生。

很久很久以前，有一只鸡

从古希腊寓言家伊索和古罗马寓言家费德鲁斯的寓言故事开始，鸡在许多故事中都扮演了重要的角色。它们在其中的一些故事中聪明又勇敢，在另一些故事中却软弱无能又胆小怕事。

民间故事

忧天小鸡

一颗橡子落在了一只小鸡头上，小鸡认为这是天要塌下来的信号。这只小鸡的恐惧引发了其他小动物的恐慌。它们在路上遇到了狐狸。狐狸一如既往地狡猾，将它们引入自己的巢穴。当然，狐狸的巢穴可不是什么好地方，这些倒霉的动物无处可逃。

伊索寓言

下金蛋的母鸡

一个农夫和他的妻子发现他们有一只母鸡会下金蛋。可他们不满足于每天只能有一枚金蛋，以为鸡的肚子里装满了金蛋，于是把下金蛋的母鸡杀了。不过他们失望地发现，鸡的肚子里一枚金蛋也没有，最后夫妻俩失去了一切。

费德鲁斯寓言

公鸡和珍珠

有一天，一只公鸡在粪堆上寻找食物，结果翻出一颗珍珠。公鸡虽然知道这东西很值钱，可也明白它对自己来说根本毫无用处，还不如找到一些好吃的！

伊索寓言

黄鼠狼和鸡

一天，一只黄鼠狼发现农场里有几只鸡生病了，所以它假扮成一名医生，带着医用工具去了鸡舍。

黄鼠狼到了鸡舍，问它们感觉如何。这些鸡已经做好了黄鼠狼会来的准备，所以毫不犹豫地回答："很好，只要你离我们远点儿。"

鸡舍：鸡的完美住宅

欢迎来到鸡舍！这里可能没有沙发或电视……但有鸡想要的关于家的一切：一个可以舒适地栖息和睡觉的栖架，充足的水和食物供应，可以东挖西刨的户外空间。

鸡窝

一个隐蔽的、半黑暗的空间，地面舒适又柔软。在这里，鸡可以完全放松地下蛋。

栖架

栖架由树枝或木条制成，位于高处，可以通过梯子到达。鸡自然而然地就会去高处栖息或睡觉，因为这样可以有效避免捕食者的攻击。

鸡粪收集箱

装有稻草、木屑或干树叶的容器，用来收集鸡粪。这里必须保持干燥。最好不要让鸡在里面乱抓。

三角支架

鸡可以在这里找到被人们丢弃的水果和蔬菜，还有剪下来的草。

饲料槽

存放谷物等饲料的容器，里面必须加点儿小石子。鸡会把小石子整个吞下去，这能帮助鸡消化胃里的食物。

饮水槽

鸡会喝很多水，饮水槽里应该总有充足、新鲜且干净的水。

鸡舍周围的栅栏和绿地

鸡舍需要一个漂亮的花园。草地对鸡来说是宝贵的食物补给处，它们可以在草地上找到一些虫子，这是它们特别喜欢吃的食物。

树木

一些树木可以在夏天提供阴凉，冬天叶子飘落时阳光会从枝杈间射下来，果子成熟的时候也会落在地上。

尘土浴

为了抵御寄生虫，鸡有一个奇怪的习惯，那就是洗“尘土浴”。用浴缸或其他容器，在里面装满沙子和尘土的混合物就可以了。

避雨处

屋顶应该能遮雨遮阳。

消遣

鸡喜欢一些能分散注意力的活动。它们喜欢花时间玩游戏，这有助于它们减轻压力！它们可以玩很多游戏，比如在小秋千上来回荡，啄食罐子里的谷物，或者向上跳跃着摘挂在高处的蔬菜。

栅栏

狐狸、浣熊和黄鼠狼都是危险的捕食者。为了远离它们，鸡需要一个万无一失的安全系统。可以用铁丝网制成栅栏，防止捕食者进入鸡舍。

鸡是花园的好朋友

养鸡是让花园土壤变肥沃的好方法。鸡粪可不是废物，可以用它给果树、菜园和花园施肥。

肥料仓

鸡舍里收集的粪便可以倒在这里。随着时间的推移，粪便变成了肥料，其中含有丰富的营养物质，会让土壤变得更肥沃。

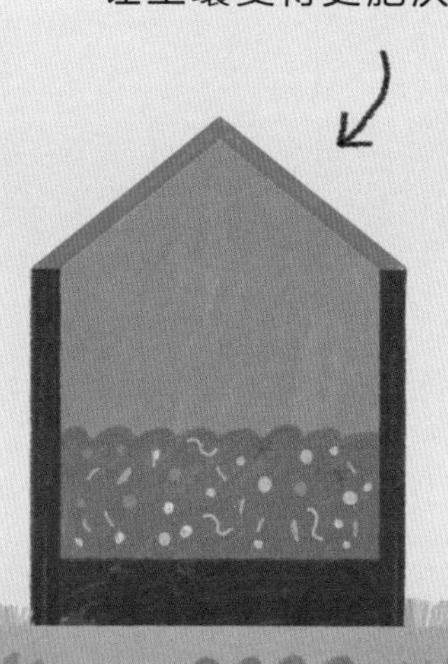

蚯蚓堆肥

蚯蚓能把堆肥等肥料变成腐殖质，腐殖质能让土壤变肥沃。它与花园的土壤混合在一起时，会让植物的长势更喜人。

堆肥箱

将厨余垃圾这样的有机废物放入堆肥箱中处理是一个好习惯，这可以为你的花园提供堆肥。

无机肥、堆肥和腐殖质

你花园里的植物可以从无机肥、堆肥和腐殖质中获得营养，这是一种自然且可持续的方式。

刨土和施肥

鸡也可以通过刨土寻找幼虫、蚯蚓、种子、新芽和小石子。鸡刨土能让土变得疏松，鸡的粪便能让土壤变得肥沃。

鸡也可以是宠物

有人喜欢猫，有人喜欢狗……那么肯定也有人喜欢鸡！养三四只鸡并不需要太大空间，只需要有一个小花园供它们刨来刨去就可以了。鸡是让人无法抗拒的陪伴者，你很难不喜欢它们！

什么是母鸡疗法？

母鸡疗法是一种动物疗法，属于心理疗法。通过饲养母鸡来改善患者与人接触、讲话的能力，这也有助于满足老人和孩子的情感需求。实际上，鸡真的能够让人感觉好些。这种疗法正变得越来越受欢迎。

在公园里散步

在某些城市的公园里看到漂亮的鸡已经没有那么稀奇了。鸡可以作为宠物饲养，你也可以带它们去散步，让它们自由地刨来刨去。

快上飞机吧！

鸡被医生称为“情感支持动物”。也就是说，这种动物能够减轻负面情绪，包括缓解一些人对坐飞机的恐惧。

形形色色的鸡

世界上各种各样的鸡

世界上至少有几百种鸡，该怎么挑选自己想养的鸡呢？有时候人们会对那些看起来非常优雅、与众不同的鸡一见钟情；有时候，某些鸡的高贵血统或者迷人的历史也起着非常重要的作用。每种鸡都有自己的独特之处，让我们在接下来的内容中好好了解一下吧。

禽类品种专家

人们对鸡的研究，始于一些著名的博物学家的兴趣。其中有生活在16世纪至17世纪的乌利塞·阿尔德罗万迪，他创作了一系列插图，画的是令人惊叹的“奇异的鸡”。

品种名称来源

鸡为什么要过马路？这个经典问题可以帮助我们追溯鸡的历史——鸡不只是穿越了一条马路，而是穿越了整个世界！许多品种的名称来自它们的发源地，或者来自它们出发或到达的港口的名称，还有一些来自该品种的培养者或研究它们的专家的名字。

品种不代表一切

其实，我们不是只能养纯种鸡，在鸡舍里养杂交鸡也是个好主意。将杂交鸡从大型养鸡场中解放出来并进行饲养，能让它们过上压力更小、更快乐的生活。

拉弗莱什鸡

名称来源：法国卢瓦尔大区萨尔特省拉弗莱什市

萨塞克斯鸡

名称来源：英国萨塞克斯郡

帕多瓦鸡

名称来源：意大利威尼托大区帕多瓦省帕多瓦市

梅诺卡鸡

名称来源：西班牙巴利阿里群岛的梅诺卡岛

泽西巨人鸡

名称来源：美国新泽西州

罗得岛红鸡

名称来源：美国罗得岛州

科钦球鸡

名称来源：印度喀拉拉邦埃尔讷古勒姆区科钦市

塞马尼鸡

名称来源：印度尼西亚中爪哇省苏科哈焦县塞马尼村

澳洲黑鸡

名称来源：澳大利亚

新罕布什尔鸡

名称来源：美国新罕布什尔州

塞马尼鸡

原产地：　印度尼西亚
体重：　　1.5～3 千克*
蛋的颜色：浅象牙白
鸡冠：　　单冠
脚：　　　黑色

显著特征：从头到脚都是黑色的，正如它们在爪哇语中的名字“乌鸡”一样。它们的眼、鸡冠、耳、肉髯、皮、脚、爪，甚至内部器官和骨骼都是黑色的。不过，它们的蛋壳、蛋黄和蛋白不是黑色的。

有趣的事：在印度尼西亚流行的传统文化中，它们象征着治愈。据说，它们甚至拥有超自然的力量！

* 关于各品种的鸡的体重，目前并没有官方数据，本书中呈现的是综合各种资料中的数据后的平均体重。—— 编者注

科钦球鸡

原产地：中国或印度
体重：3～5 千克
蛋的颜色：黄褐色
鸡冠：单冠
脚：有羽毛

显著特征：有很多羽毛，简直就是球形的！

有趣的事：名字来源于印度的科钦，在 1850 年左右首次进口到英国，作为礼物送给维多利亚女王。在当时的英国，没有人见过这么漂亮的鸡，它的到来引发了一场“母鸡热”：民众都渴望有一只像女王的鸡一样的鸡！

安特卫普鸡

原产地:	比利时
体重:	0.5 ~ 0.7 千克
蛋的颜色:	白色
鸡冠:	玫瑰冠
脚:	非常短

显著特征: 是优秀的飞行家，有短短的脚，结实的胸脯向前凸出，显得骄傲而又警惕。

有趣的事: 早在 17 世纪中期，这种鸡就已经存在并被饲养了，你甚至可以在一些比利时的佛兰德斯画家的作品中看到它们的身影。由于当时比利时与亚洲特别是与马来西亚的贸易，它们可能首先到达了佛兰德斯的安特卫普港。

丝毛鸡

原产地： 中国
体重： 1~1.5 千克
蛋的颜色： 浅褐色
鸡冠： 胡桃冠
脚： 五趾

显著特征：非常古老的品种，因为有黑色的皮肤和丝滑的羽毛，所以被叫作“丝毛鸡”——它们的羽毛看起来更像猫毛而不是鸡毛。

有趣的事：天生有很强的保护欲，信任人类，因此它们现在经常被选入母鸡疗法项目。

拉弗莱什鸡

原产地：　法国
体重：　　2~3 千克
蛋的颜色：白色
鸡冠：　　角状冠
脚：　　　皮肤光滑

显著特征：不同寻常的角状冠就像箭头一样。这个品种的鸡原产于法国的拉弗莱什，“拉弗莱什”在法语中意思就是“箭头”。

有趣的事：因为有角状冠和黑色羽毛，在中世纪，它们似乎被称为“魔鬼之鸟”。它们也成了迷信的牺牲品，据说，有一些鸡不幸在火刑柱上被烧死。

罗得岛红鸡

原产地：　美国
体重：　2.4～3.9 千克
蛋的颜色：深棕色
鸡冠：　单冠
脚：　健壮

显著特征：羽毛呈一种可爱的红木色，所以被称为罗得岛红鸡。

有趣的事：自 1954 年以来，它们一直是罗得岛州的官方象征，许多邮票上都印有它们的图案。它们可能是世界上唯一一个拥有纪念碑的鸡品种。这座纪念碑于 1925 年建成，你会在罗得岛找到它。也是在那里，这种鸡被命名为罗得岛红鸡。

帕多瓦鸡

原产地：　可能是波兰
体重：　1.5~2.3 千克
蛋的颜色：奶油色到浅棕色不等
鸡冠：　无
脚：　深灰色或黑色

显著特征：大羽冠让它们看起来奇特又高贵，但因为羽冠阻挡了视线，这可能会让这种鸡感到很紧张。人们需要不时地仔细修剪它们的羽冠，以解决这个问题。

有趣的事：这种鸡可能起源于波兰，似乎在 14 世纪就已经存在了。有一种说法是，当时的一位贵族将几只这个品种的鸡带回意大利的帕多瓦，养在他的庄园里。

西布赖特鸡

原产地：英国
体重：0.5～0.6 千克
蛋的颜色：白色或奶油色
鸡冠：玫瑰冠
脚：石板灰色

显著特征：看上去温文尔雅，这要归功于它们精致的带黑边的白色羽毛。

有趣的事：这种小型鸡品种是以英国贵族约翰·桑德斯·西布赖特爵士的姓氏命名的，他在伍斯特郡的贝斯福德庄园里培育出了这种杂交鸡。想象一下，这种鸡浪漫地栖息在英式花园中，等待着它的五点钟下午茶……

致谢

芭芭拉和弗朗西斯科:感谢盖拉和佩斯——我们第一次在城市养的鸡，它们经常让我们备感惊讶或不知所措，带我们去往一个我们未曾了解的世界。也感谢特亚塔、瑞纳、邱菲娜、皮塔和贝帕，它们对这本书的设计做出了至关重要的贡献，并特别感谢瑞纳在书内鸡类图片上的贡献。感谢我们的“母鸡妈妈”马瑞斯特拉和迪安娜在我们度假期间照顾我们的女儿，也感谢我们的朋友和家人在我们探索这个新世界时给予我们的关注。最后，感谢伊拉莉亚和黛比的热情和参与，我们想要感谢的还有很多!

卡米拉:我很感激我的父母，从我某天醒来后告诉他们“我想为一本关于世界上所有鸡的书画插图”开始，他们就一直支持我。还要感谢玛格丽特，她一直信任我。感谢茱莉亚，她是我的头号粉丝。感谢莱昂纳多，他也许远在天边，但当我需要他的时候，他总出现在我身边。感谢埃丽莎，她总是说:“卡米拉真漂亮!”当然，还要感谢黛比和伊拉莉亚，因为她们认真听取了我的意见(包括减少了页数)。

芭芭拉·山德里

环保主义者，后院养鸡先锋。她养了几只鸡，分别叫盖拉、佩斯、特亚塔、瑞纳、邱菲娜、皮塔和贝帕。

弗朗西斯科·朱比利尼

他将自己对社交和后院养鸡的热情结合起来，和芭芭拉·山德里一起创立了意大利第一个关于鸡和鸡蛋的网站："关于鸡的一切"。

卡米拉·平托纳托

作家、插画家和平面设计师，现居威尼斯。她在意大利米兰米马斯特插画学院学习插画后，又在乌尔比诺工艺美术高等学院取得了编辑设计硕士学位。受本书启发，她爱上了画鸡，不过她也喜欢画猪和其他动物。作品《满月》《鼹鼠侦探》以及《猪的学问》已出版。